中国格调丛书

香缘

——天然香料的制作和使用

范　纬。主编

文物出版社

封面设计:木　槿
封底篆刻:荆为平
责任印制:张道奇
责任编辑:孙　霞

图书在版编目(CIP)数据

香缘:天然香料的制作和使用 / 范纬主编. —北京:文物出版社,2013.4(2018.10重印)

ISBN 978-7-5010-3621-9

Ⅰ.①香… Ⅱ.①范… Ⅲ.①香料—文化—中国
Ⅳ.①TQ65

中国版本图书馆 CIP 数据核字(2012)第 279983 号

——天然香料的制作和使用

范　纬　主编

*

文 物 出 版 社 出 版 发 行

(北京市东直门内北小街 2 号楼)

邮政编码:100007

http://www.wenwu.com

E-mail:web@wenwu.com

北京雍艺和文有刷有限公司印刷

新 华 书 店 经 销

710×1000　1/16　印张:11.75

2013 年 4 月第 1 版　2018 年 10 月第 2 次印刷

ISBN 978-7-5010-3621-9　定价:36.00 元

目　录

香的种类和使用

简述中国用香的历史

中国香具

介绍日本的香道 / 吴恩融

《香乘》(节选)/ [明] 周嘉胄

中国历代香方

前 言

近年来，随着国内收藏热的升温，兼具观赏和药用价值的沉香开始成为收藏界的新宠。在市场上，好的沉香每克售价可达几千元甚至上万元不等，由此可见人们对沉香的喜爱。一块小小的香料，之所以具有如此大的吸引力，是因为它具有十分丰富的文化内涵。沉香热的背后，是中国人几千年来用香的历史，以及由此形成的"香"的文化。

中国具有几千年的文明史，造就了中国浩如烟海的传统文化。如今，我们正处于中华民族伟大复兴的特殊历史时期，继承和发扬中国传统文化，是每个中国人所肩负的历史使命。翻开中国的历史，我们不难发现，以沉香为代表的各种天然香料，在中国人的生活中，始终占有着一席之地，在某些历史时期，甚至对推动社会的发展起了无比重要的作用。由此，作为中国传统文化的一个分支，"香"的文化理应得到良好的继承和光大。

中国用香的历史十分悠久，北宋丁谓在《天香传》中说："香之为用，从上古矣。"从目前的考古成果来看，中国香文化的起源，最早可追溯至距今约五六千年的新石器时代。在对上古先民事迹有部分记录的《尚书》《诗经》等文献中，都曾提及过燃烧香料的"芬芳之祭"（唐孔颖达语）。

到了周代，升烟以祭天称作"禋祀"已成为一种定制。周人用燃烧香草的方式祭天求福，通过香气的上升，来表达自己对上天和神明的敬意。

除去祭祀，在各种礼仪之中，也常有对香草的应用。如"釁（xìn）浴"之礼，就是指用香草涂身或熏身并以香汤沐浴，以示郑重其事。今天印度和西亚一些国家人们也有此习俗。另外，周人还用香草调制出一种香酒——"郁鬯（chàng）"，作为祭祀或待客之用。在人们的日常生活中，香草还起着驱虫、香身、居室熏香等多种作用。此时的文学作品中，也出现了各种香草的名称，如《诗经》中的"彼采萧兮，一日不见，如三秋兮"，《楚辞》中的"扈江离与辟芷兮，纫秋兰以为佩"。

秦汉时期，封建社会的巩固，华夏大地的统一，特别是汉朝丝绸之路的开通，出现了空前的中外文化交融。当时西域等地的各种香料传入中国，使得中国的香文化得以丰富和发展。熏香之风在汉朝上层社会中流行开来。汉朝人在神仙思想影响下，制造出的造型独特的香炉——博山炉，成为当时熏香文化的象征。从汉代开始特别是一世纪佛教传入中国以后，宗教用香对香的使用更起到了推波助澜的作用。

西汉错金博山炉

魏晋南北朝时期，由于交通比以前便利，国内、国外贸易特别是香料贸易取得了长足的发展，使得魏晋以来用香更加普及。除去宫廷大量用香外，此时士大夫的家中也开始用香，需求的旺盛造成香料价格十分昂贵，正如东晋葛洪在《抱朴子》中所说："人鼻无不乐香，故流黄、郁金、芝兰、苏合、玄胆、素胶、江离、揭车、春蕙、秋兰，价同琼瑶。"

隋朝唐朝海上丝绸之路的发展，使得香料的普及在此时有了很大的改观。这一时期用香的量非常大，据记载，隋炀帝曾"一夜之中用沉香二百余乘，甲煎二百余石"，这是一个什么概念，既反映了皇帝的奢靡，又反映了此时香料的进口之盛。香料的大量涌入，使香的价格大大降低，烧香开始慢慢传播到民间。唐代的文人已普遍用香，留下了许多咏香的诗句，如王维的

"朝罢香烟携满袖，诗成珠玉在挥毫"、杜甫的"雷声忽送千峰雨，花气浑如百和香"、白居易的"闲吟四句偈，静对一炉香"。

到了宋朝随着经济的发展，发达的海外贸易、日趋成熟的香料运销机制，使得这一时期香的使用遍及社会生活的各方面。中国用香的历史发展到了一个鼎盛时期，随着用香的群体逐渐扩大到民间，围绕

南宋龙泉窑鬲式香炉

香的制作和使用形成了一个发达的产业。文人普遍用香、制香、斗香，此时出现了许多论香的专著。文学作品中，对香的描写已经十分普遍。香在此时已经深入人心，成为人们生活中必不可少的组成部分。

清明上河图（局部）香铺匾额书"刘家上色沉檀栈香……"

明朝是中国用香历史发展的成熟期，香的使用更为普及，此时线香已开始广泛使用，并且形成了成熟的制作技术。明宣德年间，宣宗皇帝差遣能

工巧匠，以黄铜为主料，制造了一批精美的铜制香炉，这就是著名的"宣德炉"①。明代以后学者对香的研究也有了长足的进步，明朝末年出现了一部集历代香谱之大成的作品，即周嘉胄的《香乘》②。

清朝，随着线香的普及，烧香已经成为日常生活的一部分，百姓家庭陈设中最离不开香炉这一物件儿。然而从清代中叶开始，国家经济日渐凋敝，人民变得越来越贫穷，中国社会受到了前所未有的冲击，加之传统文化受到了西方文明的严峻挑战，香事在中国的没落，便成为了不可避免的状况。

1911年至1949年香事慢慢淡出了人们的生活视线，拿北京的香药铺来说，抗日战争时期就已逐渐改为烟铺，到1949年前后香文化几乎绝迹，香炉被破了"四旧"。

纵观历史不难看出，我国香文化发展的黄金时期，大都具有政治环境稳定、经济贸易发达、人民生活富足等特点，可以骄傲地说香文化是一种盛世文化。当今中国，经过三十多年的改革开放，已经步入小康社会。人民生

大明宣德年制

铜冲绕绳耳三足炉

① 明宣宗宣德三年（1428），暹罗国（今泰国）进贡了几万斤优质黄铜矿石。黄铜是由铜和锌所组成的合金，呈淡金黄色，有光泽，十分惹人喜爱。于是宣宗差遣礼部会同太常寺司礼监组织能工巧匠，以黄铜为主，加入金、银、锡、铅等金属，配上各种宝石一并精工冶炼，制造了一批铜制香炉。铜炉的款式取法于《宣和博古图录》等考古类书籍，以及内库所藏柴、汝、官、哥、均、定各窑器皿。这就是著名的"宣德炉"。由于宣德炉的用料十分考究，铸造工艺更是精益求精，因此成为了我国铜制香炉最高成就的代表，进而成为了铜制香炉的代名词，现在一提起铜香炉人们往往会和"宣德炉"画上等号。其实真正宣德三年官铸的宣德炉，历经数百年的动荡、战乱，存世的已经很少。目前人们所见的，多是仿造品甚至是伪造品，但即便是仿品中，也不乏价值颇高的精品，由此更可见宣德炉的影响之深远。

② 古代一乘指一车。

活水平的大幅提高，居民可支配收入的逐渐增多，为香文化的再次普及与发展提供了肥沃的土壤。特别是步入二十一世纪以来人们对沉香的认识、喜好、收藏形成了沉香热，更印证了这一点。

除了具备必要的客观条件之外，香文化的再次普及，也有其充分的主观必然性。

随着人们物质生活不断提高，养生的观念逐渐深入人心，而各种天然香料，自古以来就是养生的佳品。古人从很早就开始认识到香料具有各种医疗保健的作用。我国第一部专门记载药物的书籍《神农本草经》（成书年代大约在东汉末年）中说："沉香微温，疗风水毒肿，去恶气。"明缪希雍解释道："凡邪气之中，人必从口鼻而入。口鼻为阳明之窍，阳明虚则恶气易入。得芬芳清阳之气则恶气除，而脾胃安矣。"《神农本草经》中还说："木香，味辛湿无毒，主邪气，辟毒疫温鬼。""安息香，味辛苦平无毒，主心腹恶气鬼痊。"缪希雍解释道："芬香通神明而辟诸邪。"明代医家李时珍在《本草纲目》"线香"条下注有："（线香）气味辛温无毒，主治熏诸疮癣。"

《西厢记》崔莺莺烧夜香图

当然这里所指皆为天然香料，不包括现在用各种碎木屑加化工香料与化工颜料所生产的线香等。

近年来，人们越来越提倡亲近自然，天然香料以其"绿色"、"自然"、"健康"的特性，必将获得世人的青睐。

尽管香文化今后的发展前景一片光明，但目前香文化的断档现象却十分明

抚琴图

显。对一种文化而言，如果没有很好的继承，就谈不上发扬光大。因此整理与香有关的历史文献，就成为了一项重要的任务。

关于香的文献，首要的便是各种"香谱"类书籍。其中北宋洪刍的《香谱》是现存最早的、也是保存比较完整的谱录类香学专书，该书分"香之品"、"香之异"、"香之事"、"香之法"四个部分，对于历代所用香料、用香故事、用香方法、以及各种合香配方，都进行了搜集整理。宋元之际，陈敬引用了沈立之《香谱》、洪驹父《香谱》、武冈公库《香谱》、张子敬《续香谱》、潜斋《香谱拾遗》、颜持约《香史》、叶庭珪《香录》等书，编写了《陈氏香谱》。此书博采宋代诸家成果，是研究宋代用香历史的一本重要参考书。继宋代大量出现香谱类著作之后，明朝末年出现了一部集历代香谱之大成的作品，即周嘉胄的《香乘》。《香乘》一书初成于万历戊午（1618）年间，当时全书只有13卷。后来，作者认为该书过于简略，且疏漏较多，于是广泛搜集香之名品、典故及鉴赏之法，旁征博引，一一具言始末，积二十余年之力，编成此书。历代谈香事之书，没有比此书更完备的了，它代表了我国古代香学研究的最高成就。

除了"香谱"类书籍，各种药学书籍也有对香料的介绍。北宋苏颂的《图经本草》是记载香料、制香内容较多的一部，例如其中的"沉香条"约2000字，附有熏陆香、鸡舌香、苏合香、檀香、乳香、蜜香等。书中对龙脑香、甘松香、麝香的制取和使用也有较详细的记载。另外还载有用多种香料精细加工制成的香料成品的配方等。明李时珍的《本草纲目》总结了我国历代本草的精华并有新的重大发现，《本草纲目》中专辟有"芳香篇"，它列入近60种药用香料植物的性质、用途和功能等。

关于香的著述，还零散见于各种类书、史书、笔记之中。北宋初

听琴图

李昉编辑的《太平御览》中，就收录有"香部"三卷，其中列出香料共42种，并记述了许多与香有关的故事。周去非的《岭外代答》、范成大的《桂海虞衡志》、赵汝适的《诸蕃志》中，也都有部分香料的记载。另外，在《宋会要辑稿》、《宋史》及各种宋人笔记中，亦可散见一些香料的名称。

在现代人的著作中，《香学会典》（刘良佑，2003年）、《中国香文化》（傅京亮，2008年）、《细说中国香文化》（周文志、连汝安，2009年）、《燕居香语》（陈云君，2010年）等书，都是很好的介绍香文化的专门书籍。

本书共分五个部分。第一部分介绍香的种类和使用，以期令初次涉猎香文化的读者，对香料的种类和使用方法有个大致的了解。第二部分简述中国用香的历史，旨在粗略地梳理一下中国几千年来用香的历史。第三部分列举中国香具的种类，配以插图说明。第四部分对日本香道进行介绍，日本的香道对中国香文化今后的发展具有一定的借鉴作用。第五部分完整抄录了《香乘》中的400多种香方，以保留历代和香实践的成果。

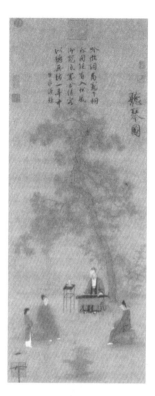

听琴图

香的种类和使用

香的种类

一、动物香

动物香料无法单独使用，在制作香品时加入动物香，可以调和其他气息、增强香气并使香气更加稳定持久。

龙涎香

龙涎香是抹香鲸消化道内的分泌物，古人认为是海中蛟龙的唾液，所以称为"龙涎香"。在阿拉伯语里，这种香被称作"Anbar"（音），译成汉语是"俺八儿香"或"阿末香"，因此把能分泌"阿末香"的鲸叫"抹香鲸"。

龙涎香

抹香鲸进食方式为吞食，被它吞进肚子里的各种鱼类以及章鱼、乌贼等软体动物，有些坚硬的部分难以被消化，而且还会对胃肠道造成伤害。在这些物质的刺激下，抹香鲸的胃肠道会分泌出一些液体，起到消化和保护的作用。这种液体和食物充分作用之后，就会凝结成龙涎香，最终或者被吐出，或者存留在身体里。被吐出的龙涎香，由于密度较低，会在大海上漂浮，经历几年、几十年甚至更长时间，直到被发现。而存留在体内的，有的在抹香鲸死后随着尸体的腐烂也会漂浮在海上，有的则会在沙滩上抹香鲸的尸体中被人们找到。

龙涎香刚被吐出或在尸体中取出时，色彩偏黑，有较重的腥臭气，这样的龙涎香还不能直接使用，需要放置一段时间，当颜色渐渐转变为白色，腥臭气消失后方可使用。当然在海上漂浮了一段时间的龙涎香，经过阳光、空气、海水的作用，已经是成熟的龙涎香了。一般来说，漂浮的时间越长，颜色越淡，品质越好。一块龙涎香，小的几两重，大的则有几十斤重。天然的龙涎香因为稀少，因此价格十分昂贵，差不多与黄金等价。

龙涎香的香气比较淡，无法单独使用，但它挥发起来极其缓慢，有很好的"定香"作用，即在香品中加入龙涎香，能使香品的香气变得稳定持久。龙涎香的这一特性，古人早已熟知，比如在南宋张世南的《游宦纪闻》中就曾提到："龙涎入香，能收敛脑麝气，虽经数十年，香味仍在。"

龙涎香的主要产地是印度洋和太平洋海域。

麝香

麝香是雄性麝鹿肚脐后方的性腺（麝香腺）的分泌物，储于香囊之中，又称元寸香、当门子。

麝属于鹿科，体型较小，生活在海拔较高的山区和高原上。麝鹿一般单独活动，十分警觉，喜欢攀登悬崖，行动敏捷，善于

麝香

跳跃，颇有灵性。雄麝从一岁开始分泌麝香，但好的麝香，则需要十岁以上的成年雄鹿。雄麝分泌麝香，在晚冬、初春的交配季节最为旺盛，这个时候取出的麝香气息最浓，质量最好。

麝香

中国是麝香的原产地，使用麝香的历史十分悠久。自古以来，麝香就是名贵的药材，我国第一部专门记载药物的书籍《神农本草经》里，就有对麝香的论述，并将其列为上品。李时珍在《本草纲目》中说道："（麝香）通诸窍，开经络，透肌骨，

3

解酒毒，消瓜果食积。"

麝香的气息浓郁，但并无芳香之感，无法单独使用。但若以微量麝香与其他香料配合使用，则能使香气更为稳定持久，并有开窍提神的作用。

麝香主要产地是中国、俄国、蒙古和尼泊尔等地。由于现代养殖业的发展，人们不用再像以往那样猎杀之后取香，而是活体取香，从香囊口直接掏取麝香。这样一来，不仅可以多次获取麝香，提高产量，更为重要的是，可以大大减少对野生物种的破坏。

二、植物香

（一）花草果实类

植物的花大多具有香气，是最早被人直接使用的香，像玫瑰、牡丹、桂花、茉莉、蔷薇等等大家耳熟能详的花，既可以直接佩戴，也可以提取香水精油，还可以研磨之后与其他香料配合使用。另外，一些植物的叶子、果实等部分，也有很浓的香气，可以直接点燃或是制成香料。

芸香

芸香是一种多年生草本植物，全草呈灰绿或棕黄色，茎长40～110厘米，叶片呈舌形。夏季开花，其花叶香气浓郁，虽枯不淡。

我国古代典籍中有关芸香的记载最早见于《礼记·月令》篇："（仲冬之月）芸始生。"郑玄注："芸，香草也。"晋人成公绥写有一篇《芸香赋》，赞美芸香。

芸香夹在书中能够防蛀，宋沈括的《梦溪笔谈》里说："古人藏书辟蠹用芸。芸，香草也，今人谓之'七里香'者是也。"正因为芸香具有这种特殊的用途，所以在我国古代，凡与图书典籍有关的人、物、事往往都被冠以"芸"字，比如："芸帙"、"芸编"都喻指书卷，"芸笺"代称书笺（后

芸香

泛指书籍），藏书、校书之地被称为"芸台"、"芸省"、"芸署"、"芸局"、"芸香阁"，而在秘书省工作的校书郎也就自然而然地被称为"芸吏"、"芸香吏"了，文人的书斋也被称为"芸馆"、"芸窗"。

芸香主要分布于中国西南地区的云南和四川，陕西和甘肃南部有少量分布，国外的印度及尼泊尔也有少量分布。

丁香

丁香是一种古老的香料，因为形状像钉子而得名。人们把未开放的花蕾称为"公丁香"，把成熟的果实称为"母丁香"，母丁香又名鸡舌香。该种植物并非中国北方常见的"丁香"，而是桃金娘科丁子香属植物，为常绿乔木，高达10米，也称"洋丁香"，秋季开花，有浓香。公丁香在花蕾由青转红时采集，母丁香则在果实成熟后采集。

丁香

丁香的使用在我国历史悠久，在汉代丁香就传入了中国。丁香的一个特点是含在嘴里，可使口气清香，《汉官仪》《汉官典职》都曾记载尚书郎向皇帝奏事时须口含丁香（鸡舌香）。《汉官仪》还载有汉桓帝赐鸡舌香的故事：侍中乃存年老口臭，桓帝便赐给他鸡舌香，让他含在口中。乃存没见过这种香，含在口里感觉辛辣刺痛，就以为自己犯了什么过错，被赐毒药以自尽。他回到家中与家人诀别，哀伤哭泣，同僚来询问时，发觉是丁香，纷纷嘲笑他。

丁香还是一味重要的药材，有止呕、镇痛、壮阳等功效。

丁香主要产于马来群岛及非洲，我国广东、广西等地区也有栽培。

茅香

茅香是禾本科茅香属的芳香植物，是我国古代常用香料之一。湖南长沙马王堆一号汉墓中，就发现了大量的茅香。

茅香高50～60厘米，为多年生草本，根茎细长，黄色，秆直立。茅香根状茎干燥后具有香气，用来防衣料虫蛀。茅香的花、叶子可以煮水，用来沐浴，令身体带上香气。茅香的根放入印香中，用于调和香附子。

茅香

茅香多生长于荫蔽山坡、沙地或湿润草地。分布于山西、山东、甘肃、云南、广东、广西、浙江、福建等地。

（二）树脂类

树脂类香料是植物组织的正常代谢产物或分泌物，常和挥发油并存于植物的导管中，尤其是多年生木本植物心材部位的导管中。

龙脑

龙脑取自龙脑树的树脂，干燥后形成近于白色的晶体，古称"龙脑"，以示其珍贵。形状如梅花片且"色如冰雪"的龙脑为上品，称为"梅花脑"、"冰片"；品级差些的呈颗粒状，像米粒，所以称为"米脑"；晶体颗粒与木屑混在一起的，则称为"苍脑"。另外，也有液态的龙脑树脂，古称"婆律膏"。

龙脑

龙脑香早在西汉时就已传入中国。据《史记·货殖列传》记载，在西汉的广州已能见到龙脑香。天然龙脑质地纯净，熏燃时不仅香气浓郁，而且烟气甚小，历来都被视为珍品。唐宋时期，出产龙脑的波斯、大食国的使臣还专门把龙脑作为"国礼"送给中国的皇帝。

龙脑（冰片）是一味芳香开窍类药材，具有开窍醒神、清热止痛的功效。在安宫牛黄丸，冰硼散等中成药中，龙脑都是主要成分之一。《本草纲目》特别指出，把龙脑用纸卷起来燃烧，病人鼻子里吸入烟气，吐出痰后很多头痛便可治愈。

龙脑主要产于东南亚的热带雨林地区，我国云南、海南等地也有出产。

乳香

乳香为橄榄科小乔木乳香树渗出的干燥树脂，因其垂滴如乳头状，所以称为"乳香"。中国古代称乳香为"熏陆香"。乳香呈球形或泪滴状颗粒，或不规则小块状。淡黄色，微带蓝绿色或棕红色，半透明。遇水会变白，与水共研会成乳状液体。

乳香

乳香树高4～5米，树干粗壮，树皮光滑。春季为产期，春夏两季均可采收。采收时，在树干的皮部由下而上顺序切伤，并开一小沟，使树脂从伤口渗出，流入沟中，数天后凝成干硬的固体，然后从树上采集。也有落于地面的，可以拣起，但易黏附砂土杂质，品质较次。中国古代又称落于地面的乳香为"塌香"。

乳香很早就已传入中国，是最重要的香料之一。3世纪的《南州异物志》中已有关于乳香（熏陆香）的记载。沈括在《梦溪笔谈》中写道："熏陆即乳香也，本名熏陆，以其滴下如乳头者，谓之乳头香，镕塌在地上者，谓之塌香。"

除了制香，乳香也是常用的中药材，有活血止痛、消肿生肌等功效。李时珍在《本草纲目》中说道："乳香香窜，能入心经，活血定痛。"

乳香分布于索马里、埃塞俄比亚、阿拉伯半岛南部以及土耳其、利比亚、苏丹等地。

（三）木材类

木材类香料多是取自植物的木质心材，它们是香事活动中的香料的主体，既可以直接用于鉴赏，也可以作为制香的主要成分。

沉香

沉香既不是直接取自一种木材，也不是直接取自一种树脂，而是木材与树脂的混合物。能结沉香的树不止一种，而是包括樟树科、橄榄科、大戟科、瑞香科等一共四科七种。沉香的木材本身并无香味，香味是来自于特殊的"沉香脂"或"沉香油"，带有这些成分的木材称为"沉香木"。一般油脂含量越高的沉香密度越大，所以古人常以能否沉到水里作为鉴别沉香种类的一种方法。能沉入水里的，称为"沉水香"；半浮半沉的，称为"栈香"；浮在水面上的，称为"黄熟香"。

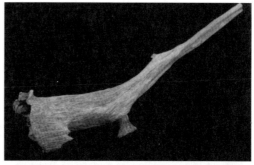

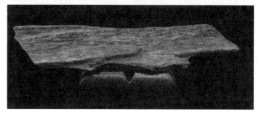

沉香木（孟嘉星提供）

由于结香原因不同，沉香可以分为三类：熟结、脱落、生结。

熟结的成因是，在树木死后，树干倒伏并埋于土中，日久年深其他部分均已腐烂分解，唯独富含树脂的部位留了下来。

脱落与熟结类似，树枝因枯朽而脱落，进而凝结成香。

生结是在树木活着时结成的香。生结香形成过程比较特殊，具有一定的偶然性。根据目前的了解，形成生结香的条件有：首先，必须是特定的树种；其次，有发育成熟的树脂腺；再次，树上曾有比较深的伤口，这些伤口

8

无法很快愈合；最后，伤口受到霉菌的感染而开始溃烂。此时，树干中的树脂腺就会分泌出汁液，这些汁液逐渐凝结成块，将伤口四周的组织封闭起来，防止溃烂的进一步恶化。这些树脂结成的块以及周围的木材，就是沉香。另外，如果树身上的伤口是由于虫咬造成的，则称为"虫漏"。

至于以上三种香的优劣，李时珍在写作《本草纲目》时，参考了各家之说，得出了"生结为上，熟、脱次之"的结论。现在

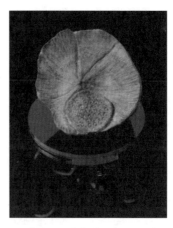

沉香雕刻 莲蓬（孟嘉星提供）

看来，李时珍也许是从单一的药效角度作出的评价，如果是从香味的角度，则不能一概而论。

除了上面说到的，沉香中还有一个特殊的品种——棋楠香。它的成因与普通沉香基本相同，但性状特征又有独特之处，因此单独成为一类。普通沉香大多质地坚硬，而棋楠则较为柔软，削下的香屑甚至可以捏合成球；多数沉香在不点燃时几乎没有香味，而棋楠则能自然散发出清香；普通沉香熏烤时香味比较固定，而棋楠的香味则随着时间的

沉香雕刻 笔筒（孟嘉星提供）

变化而变化。经研究，棋楠的成因可能更加复杂，或许是在结香过程中再次受到虫蚁的刺激，产生了特殊的化学反应。棋楠香的油脂含量一般高于普通沉香，香气也更为芳香、浓郁，因此是沉香中的上品。

沉香自古以来就是最受推崇的

沉香手串（孟嘉星提供）

名香，它既能够单独熏烤、焚烧，又能很好地调和诸香，在很多"香方"中，都少不了沉香。而且沉香也是一味重要的药材，《本草纲目》在介绍沉香时说道："（沉香）治上热下寒，气逆喘急，大肠虚闭，小便气淋，男子精冷。"

除了熏香、入药，质地坚硬、油脂饱满的沉香还是上好的雕刻材料。沉香的雕刻品因其独特的韵味，自古以来一直受到人们的追捧。在日本的正仓院中，收藏有唐人制作的沉香画箱、毛笔、刀柄等，可以说是精美绝伦。北宋的文豪苏轼也曾将沉香雕刻的假山送给自己的兄弟苏辙，作为六十岁的寿礼。如今，各种沉香雕刻的小件，如人物、山子、蔬果、花木等，已成为十分珍贵的收藏品。

现在沉香的主要产地是印尼、马来西亚、泰国、柬埔寨、越南、中国海南、广西等地。多是采取人工种植的方法，在成熟的香树上用电钻开出一些较深的伤口，并涂满泥浆以使开口处感染霉菌，一年或几年之后就会结出沉香，年头越长，质量越好。

檀香

檀香树为檀香科常绿小乔木，高6～9米，其根、干、枝、果实等都含油脂，但以木质芯材为主，越靠近树芯和根部的材质含油量越高。檀香有刺鼻的香味和特殊的腥气，制香时往往要先搁置一段时间。有存放几十年甚至上百年者，称为"老山檀"。未经搁置的，称为"新山檀"。

檀香树生长极其缓慢，通常要数十年才能成材，是生长最慢的树种之一。檀香树非常娇贵，在幼苗期须寄生在凤凰树、红

印度老山檀

豆树、相思树等植物上才能成活。檀香的产量有限，加之人们对它的需求很大，所以从古至今，檀香的价格都很昂贵，有"香料之王"、"绿色黄金"的美誉。《太平御览》曾引《三国典略》中的一个故事，北周军人在攻陷

香缘
——天然香料的制作和使用

江陵之后，把用白檀木雕刻的梁武帝萧衍像剖开分了，由此可见檀香的珍贵。

檀香木是一种高档的雕刻材料，常制成佛像、念珠、扇骨、箱匣等物。另外，檀香也是一味重要的药材，有理气调中、散寒止痛等功效。

佛教尤为推崇檀香，习称檀香为"旃檀"，因此佛寺也常被尊称为"檀林"、"旃檀之林"。

檀香产于印度、印度尼西亚及马来西亚。我国广东、广西、云南、海南也栽种有檀香。

文中讲的檀香木与中国传统的硬木家具所用的檀木不是同一树种，不可混淆。时下很多人喜欢硬木家具、雕刻工艺品、佛珠、手串饰品等，为了帮助人们对檀木与檀香木的区分，这里特选了数种檀木样品，给读者最直观的印象。

罗氏黑黄檀（大叶紫檀）

印度小叶紫檀

奥氏黄檀（缅甸酸枝木）

巴厘黄檀（老挝酸枝木）

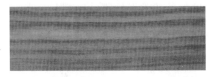

微凹黄檀（大红酸枝木）

刺猬紫檀（非洲花梨木）

大叶紫檀（缅甸花梨木）

绿檀

交趾黄檀（大红酸枝木）

（此页图片均由张正洪提供　孙象贤摄影）

香的种类和使用

降真香

降真香是泛指一类树种（豆
科黄檀属）所产的香木，如印度黄
檀、小花黄檀、降香黄檀等，又名
降香、鸡骨香、紫藤香。鸡骨香因
香料的形态像鸡骨而得名，但并非
降香专用此名。在沉香中也有因形
态像鸡舌的称鸡舌香，像鸡骨的称
鸡骨香。"紫藤"或指香料的颜色。

海南黄花梨

历史上，我国用的降真香多从国外进口，主要为印度黄檀的心材，即
《本草纲目》中所谓的"番降"。这种树并不粗大，直径一般都在30厘米以
内，树皮平滑，小枝绿色，单叶对生。干燥的根部心材呈条块状，颜色呈较
深的红褐色，越靠近根部的树心，质地越好。

降真香是传统香料中重要的一种，尤为道教所推崇，认为其香可上达
于天。在道教的斋醮仪式中，降真香常被用来"降神"，"降真"之名也由
此而来。如《本草纲目》引《海药本草》记载："（降真香）拌和诸香，烧
烟直上，感引鹤降。醮星辰，烧此香为第一，度箓功力极验。"除宗教场合
之外，古人在节日庆典之中，也有燃烧降真香的习俗。如《诸蕃志》中记载
降真香"其值甚廉"，"泉人岁除，家无贫富皆蒸之如燔柴"。降真香还是
制作合香的重要原料，《香谱》引《海药本草》提到："然之初不甚香，得
诸香和之，则特美。"

降真香的药用价值很高，可止血、定痛、消肿、生肌，治疗跌打损伤
及刀伤。据唐《名医录》记载："周密被海寇刃伤，血出不止，筋如断，骨
如折，军士李高用花蕊石散不效。紫金散掩之，血止痛定，明日结痂如铁，
遂愈，且无瘢痕。叩其方，则用紫藤香，磁瓦刮下研末尔。"

海南产降香黄檀（黄花梨），从广义上说，也是降真香的一种，称为
"土降"。清朝闭关锁国，"番降"资源不易得到，于是人们在本土找到一
种替代物作为焚香之用，这就是黄花梨。黄花梨因有降香的香味，从植物

学的角度又同属豆科黄檀属，因此被命名为"降香黄檀"。相比印度黄檀而言，这个树种更为粗大，直径可达80厘米。众所周知，黄花梨木因其纹理美观，色泽艳丽，质地细腻，一直以来也是制作家具的名贵木材。传世的黄花梨木家具，往往以其端庄的造型、流畅的线条成为人们争相收藏的经典之作。当然，黄花梨的焚香及药用价值，是无法与印度黄檀相提并论的。

据了解，目前市场上出售的"降香"主要是降香黄檀（黄花梨）。最新数据显示，黄花梨的市场价格从每斤200元到2万元不等，主要用于雕刻小件或制作家具。另外，黄花梨木蒸馏后可得0.3%左右的降香油，可以作为香料的定香剂，同时也是制作"檀香皂"的主要原料之一。

降香黄檀主要产地为中国海南省、广东省。印度黄檀则主要产于伊朗东部至印度热带地区。

香的使用

一、焚烧

香的使用最早就是用直接焚烧的方法，令烟气上升、香气四溢。这一方面是源自于上古燃烧祭祀的传统，另一方面也是因为各种香料往往在受热之后，才能更好地散发出自身的香气，而焚烧是最直接的加热方法。

上古焚香，是把香料堆放在一起点燃。后来人们制造出了香炉，就把香料放在香炉中燃烧。到了宋代，开始出现棒香，又称签香，即以竹、木等材料

焚香

焚香

做芯的香。明代又发明了线香，就是纯粹由香泥制成的直线形香。另外还有盘香（呈螺旋形）和塔香（悬垂如塔形）等等。

二、佩戴

佩香的办法也是古已有之，伟大的诗人屈原就喜欢佩戴各种香草。到了汉代，佩香更是成为了一种风尚。汉朝《汉官曲制》记载："尚书郎怀香握兰趋走丹墀。"也就是说，尚书郎在上朝时必须随身佩香。另据宋洪刍《香谱》

香球

记载，汉武帝时，有一位大臣"入侍，欲衣服香洁，自合一香带之，武帝果悦。"

三、熏衣熏被

从汉朝开始，人们用薰笼熏烤衣服、被褥。薰笼就是在香炉外面罩上的一层竹笼（也有玉石等材质），把衣被等物搭在竹笼上，利用上升的烟气，把衣被熏香。马王堆一号汉墓中曾出土竹制薰笼，此物呈穿窿状，孔眼甚大，上敷细绢。

另外，还有一种结构巧妙的"香球"可以用来给被褥熏香，又叫"被中香炉"。洪刍《香谱》曾引《西京杂记》说："被中香炉，本出房风，其法后绝。长安巧工王缓始更为之。机环运转四周，而炉体常平，可置之于被褥，故以为名。"其原理是：一个镂空的球壳，里面放置两个可随意转动的圆环，圆环里再装一个盛放炭火和香料的圆钵，用轴承连在一起，无论香球如何滚动，小圆钵始终保持水平。

四、合香

合香就是把多种香料以及配料通过一定的手法、程序进行加工，形成一种特殊的香品。

三国吴丹阳太守万震作《南州异物志》时就曾记载合香。《太平御

消夏图

览》所引《南州异物志》提到："甲香，螺属也。可合众香烧之，皆使益芳，独烧则臭。"南朝宋范晔曾撰有《和香方》，其序云："麝本多忌，过分必害。沉实易和，盈斤无伤。……"此一篇序言，既提出了合香的诸多法则，又巧妙地用各种香料类比朝中的各色人物，可见合香在当时已经十分广泛地应用了。

合香的思想，当出于药家"君臣佐使"的原则，正所谓"香药同源"。陈敬在其编撰的《陈氏香谱》中说道："合香之法，贵于使众香咸为一体。麝滋而散，挠之使匀；沉实而腴，碎之使和；檀坚而燥，揉之使腻。比其性等其物而高下，如医者用药，使气味各不相掩。"

铁拐仙人像

五、隔火熏香

宋代之后，随着合香的熏烧之法越来越讲究，"隔火熏香"而不是直接"烧香"的方法就广为流行了。具体做法是：

在瓷炉内铺上厚厚一层具有保温作用的炉灰，拣一小块烧红的炭团（香炭）埋于炉灰的正中，再适当均匀地盖上一层薄薄的炉灰，用金片、银片或磨薄的陶片当作"隔火"，将各种香品放在上面熏炙，于是受热的香品香气自然舒发，没有烟火的焦味。其中讲究之处，不仅炉灰要特制

今人铝制篆香模具（正面） 直径6厘米

精炼过，连香炭也不能用普通的木炭，而是使用几种特定的木材所精制过的炭团。

六、篆香

宋人将各种香料研磨混合之后，除了调入蜂蜜制成丸状、饼状，也以粉末的形态使用。为了便于燃点，合香粉末可用模子压制成固定的字

型或花样，然后点燃，循序燃尽。这种方式制成的香品称为"印香"或"篆香"。宋元以后诗文中常见到"心字香"，就是指形如篆字"心"的印香。

今人铝制篆香模具（背面）　直径6厘米

另外，很多地方香篆还被用作计时的工具。洪刍《香谱》中记载："近世尚奇者作香篆，其文准十二辰，分一百刻，凡燃一昼夜已。"也就是将一昼夜划分为一百个刻度，一盘篆香刚好一昼夜燃烧完毕。寺院中常用这种篆香制成的计时器。

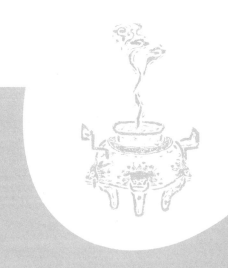

简述中国用香的历史

先　秦

中国用香的历史十分悠久，北宋丁谓在《天香传》中说："香之为用，从上古矣。"尽管人们开始用香的准确时间已经无从查考，但是从目前的考古成果来看，这一时间应该不会晚于新石器时代。整个先秦时期，香的使用有以下几个特点：一是这一时期所使用的香料均为天然之物，未做任何加工；二是香料的种类比较少，就像元熊朋来在《陈氏香谱序》中说的，"可焫者萧，可佩者兰，可彗者郁，名为香草者无几"；三是此时香的使用多是出于祭祀和礼仪的需要。

青铜四灵朱雀承盘博山式香熏

祭祀用香起源于上古的燃烧祭祀。从考古成果来看，利用燃烧物品的方法进行祭祀，早在新石器时代就已出现。比如在距今6000多年的湖南澧县城头山遗址以及上海青浦淞泽遗址的祭坛中，都发现有燃烧祭祀的痕迹。从文字记载来看，3000多年前的甲骨文已有了"柴"字，清段玉裁认为"烧柴而祭谓之柴"，也就是一种烧柴祭天的仪式。《尚书·尧典》记载舜曾在泰山举行柴祭。《尚书》是上古的史书，《尧典》是战国时人根据古代资料及神话传说加工编纂而成的，具有一定的史料价值。

周朝时，升烟祭天称为"禋"。东汉郑玄解释为"禋之言烟"，唐孔颖达则认为是"芬芳之祭"。《诗·大雅·生民》记录了关于周的先祖后稷的传说，里面就提到了"禋"祭。并且写到在祭祀的时候燃烧起"萧"（艾蒿），"其香始升，上帝居歆"。另外《诗·周颂·维清》里也有周文王进行"禋"祭的记载。郑玄说"周人尚臭"，香在周人心中具有很高的地位。

香缘
——天然香料的制作和使用

这样看来，古人用燃烧香草的方式祭天求福，正是想通过香气的上升，来表达自己对上天和神明的敬意。

因为香气能表达出敬意，所以在各种先秦礼仪之中，也常有对香草的应用。如《周礼·春官·女巫》记载："女巫，掌岁时被除衅浴。"这里提到的"衅浴"，就是指用香草涂身或熏身并以香汤沐浴。清孙诒让解释说："《国语·齐语》云：'管仲至，三衅三浴之。'韦注云：'以香涂身曰衅。'"齐桓公迎管仲，用三衅三浴之礼，足见当时人对香的重视。另据《周礼·春官·郁人》记载："郁人掌裸器。凡祭祀、宾客之裸事，和郁鬯以实彝而陈之。""郁鬯"是一种香酒，用郁金之汁调和而成，古代用于祭祀或待宾。"裸"既是一种以香酒灌地求神的祭祀，又是一种酌香酒敬宾客的礼仪。"彝"是盛酒的尊。

除了用于祭祀和礼仪，在人们的日常生活中，香草也起着驱虫、香身、居室熏香等多种作用。辽河流域发现的5000年前红山文化的陶薰炉炉盖，黄河流域发现的4000多年前龙山文化的蒙古包形灰陶薰炉，以及长江流域发现的4000多年前良渚文化的竹节纹灰陶薰炉等等，这些考古成果都是上古生活用香的最好证明。

中国古代很早就利用熏燃香料来驱虫，有文字记载的如《周礼·秋官·庶氏》说："庶氏掌除毒蛊，……以嘉草攻之。""毒蛊"是害人的毒虫，"嘉草"应该是一种香草，"攻"就是熏。《周礼·秋官·翦氏》也说："翦氏掌除蠹物，……以莽草熏之。"同时古代很早就有佩香的风俗，中国第一部词典《尔雅》中有"缡"，东晋郭璞注："即今之香缨也。"屈原的《离骚》中，也有"纫秋兰以为佩"的诗句。另据《山海经》记载，有一种叫"迷谷"的草，能够令人"佩之不迷"。至于说到居室熏香，除了各种出土的薰炉之外，在《孔子家

青铜朱雀博山龙首香薰

语》中也有关于"芝兰之室"的记载。

周人尚香，无论是学者还是诗人，都借助香来表达自己的思想。如《左传》中说到的"明德惟馨"，就是儒家学者借助香来阐发自己的政治理想。香草常在文学作品中出现，用来比喻忠贞之士。伟大诗人屈原的《离骚》《九歌》等诗篇中，就记载了许多香草，如《离骚》中的"扈江离与辟芷兮，纫秋兰以为佩"，《九歌》中的"浴兰汤兮沐芳，华采衣兮若英"。在这些诗里，香草是超凡脱俗的象征，是浑浊世人的对立面，具有很强的象征意义。

可以说，香作为中华文明的重要组成部分，从产生之日起，就具有着一种高贵的气质，在先秦这一漫长的时期里，逐渐展现出其独特的价值，为人们所喜爱和推崇。

两　汉

汉代是中国用香历史上的一个重要的时期。汉朝的长期统一和稳定，使得国家日渐强盛；随着疆域不断扩大，盛产香料的南方地区逐渐纳入了中国的版图；丝绸之路的开通，中国开始有了对外贸易，大量香料得以从国外引入。这些因素加在一起，使得中国人对香的使用，进入到了一个快速发展的时期。

秦始皇统一六国后，中国进入了中央集权的大一统时期，加之汉高祖刘邦在建立汉朝之初，采取了一系列旨在恢复经济的"休养生息"政策，于是汉朝逐渐成为了一个强大的帝国。国家的强盛，使得王公贵族的生活中加入了越来越多的享受成分，熏香作为一种尊贵身份的象征，到了此时便自然而然地在上层社会中流行开来。目前的考古发掘表明，各种香具是汉代墓葬中的常见物品。在广州发掘的西汉初期南越墓葬中，就曾出土了三件铜制薰炉。著名的长沙马王堆一号墓中，也发现了薰炉、薰笼、香枕、香囊等多种香具。有研究表明，"自西汉晚期到东汉期间，大约半数的墓都有薰炉随葬"。从中我们不难看出两汉熏香风气之盛。从文字记载方面来看，《后汉书·钟离意传》写到："蔡质《汉官仪》曰：'尚书郎入直台中，……伯使一人，女侍史二人，皆选端正者。伯使从，至止车门还，女侍史絜被服，执香炉烧熏，从入台中，给使护衣服也。'"可见当时用香熏烤衣被是宫中的定制。《东宫故事》写到："皇太子初拜，有铜博山香炉。"可见焚香在当时已是宫廷中必不可少的习惯。

熏香在汉朝得以快速发展的客观条件，是香料的种类较之先秦有很大的增加。一方面，汉朝建立之后，不断开疆辟土，使得中国产香的地区越来越多。《太平御览》引《林邑记》记载："朱吾以南有文狼，野人居无室宅，依树止宿，食生肉，采香为业，与人交市。""朱吾"是汉武帝元鼎六年（公元前111年）设置的县，属于日南郡。可见当时的边陲之地，有专门以"采香为业"的"野人"。另一方面，丝绸之路的开通，开启了中国对外贸易的历史。范晔在《和香方序》中说："（香料）并被珍于外国，无取于中土。"说明大部分的香料，是从国外传入中国的。东汉史学家班固就曾在写给自己兄弟班超的信中说到："窦侍中令载杂彩七百匹、白素三百匹，欲以市月氏马、苏合香。"

与上古烧香祭祀的传统类似，熏香此时也被当作敬神之物继续使用，如《汉书》里就提出焚烧安息香可以"通神明"。而且，各种香料的药用价值，此时也开始被人们所初步认识并得到利用。王族的墓葬中放入香料，既是一种身份的象征，同时也可起到防腐的作用。如《太平御览》引《从征记》说，刘表死后，其子将各种珍贵的香料捣碎，有数十斛之多（古代一斛为十斗），放入棺椁之中，据说后来墓葬被人挖开时"香闻数十里"。《水经注》也记载了这段故事，提到"墓中香气远闻三四里，经月不歇"。东汉诗人秦嘉曾给家中的妻子寄去香料，信中说："今奉麝香一斤，可以辟恶气。""好香四种各一斤，可以去秽。"

汉代开始进入中国文化领域的宗教，对香的使用也起到了推动作用。在中国道教的教义里，仙人不食人间烟火，而是以香气为食，所以道教的各种仪式中，经常采用熏香的方式。起源于印度、公元前后传入中国的佛教，更是历来主张用香，佛教盛行的南亚地区，是香料的重要产地，很早就有用香的习惯，佛经中也曾多次提到香，把香称作佛使。

魏晋南北朝

魏晋南北朝时期，由于交通更加便利，国内、国外贸易特别是香料贸易取得了长足的发展。据南朝梁任昉的《述异记》记载，日南郡出现了专门进行香料交易的"香市"，南海郡则出现了采香的"香户"。随着香料种类的日益丰富，在当时的著作中，开始有了对香料、香品的介绍。三国吴万震的《南州异物志》、晋嵇含的《南方草木状》等书中，有许多关于香料的记载。北魏贾思勰的《齐民要术》中也曾论及香粉的制作方法，"惟多着丁香于粉合中，自然芬芳"。南朝宋范晔曾撰有一本香学专书《和香方》，元阴时夫《韵府群玉》记录："范晔撰《和香方》三卷。"此书今已亡佚，仅留下一段自序，借用香料类比朝中人物。

香料种类和数量的不断增加，使得魏晋以来用香更加普及。据《太平御览》引《魏武令》记载，魏武帝曹操，在"天下初定"时，出于节俭方面的考虑曾"禁家内不得香熏"，"以香藏衣着身亦不得"。但后来出于房室清洁的目的，也就"听得烧枫胶及蕙草"了。曹操还曾向诸葛亮寄赠鸡舌香。《魏武帝集·与诸葛亮书》中说："今奉鸡舌香五斤，以表微意。"曹操临终时，遗嘱中特意嘱托将自己留下的香分给诸位夫人。曹操次子，魏文帝曹丕曾遣使向孙权求雀头香（香附子）。事见于《江表传》，《三国志裴松之注》《太平御览》都曾引用过。

南北朝时期，后赵武帝石虎曾"作流苏帐，顶安金莲花，花中悬金簿，织成缇囊，囊受三升以盛香"，"帐之四面上十二香囊，采色亦同"（《太平御览》引《邺中记》）。南朝齐东昏侯萧宝卷，是中国历史上著名的荒唐皇帝，生活奢侈。《太平御览》引《齐书》记载："东昏侯凿金莲花帖地，令潘妃行其上，曰：'此步步莲花也。'涂地皆以麝香。"《陈书》中说，陈后主波皇后"于光照殿前起临春、结绮、望仙三阁，阁高数丈，并数十间，其窗牖、壁带、悬楣、栏槛之类，并以沉檀香木为之"。

除去宫廷用香，此时香也开始进入士大夫的生活，只是由于香料价格十分昂贵，用得起的多是巨富之家。《晋书·王敦传》记载，东晋石崇"以奢豪矜物"。家中厕所"常有十余婢侍列，皆有容色，置甲煎粉、沉香汁，有如厕者，皆易新衣而出"。同书《刘寔传》记载，崇尚节俭的尚书郎刘寔一次到石崇家拜访。"如厕，见有绛纹帐，裀褥甚丽，两婢持香囊，寔便退，笑谓崇曰：'误入卿内。'崇曰：'是厕耳。'寔曰：'贫士未尝得此。'"

魏晋南北朝是中国历史上政治最为混乱，同时也是精神最为自由的年代，魏晋玄学的产生和发展，造就了人们崇尚简约淡泊、追求超凡脱俗的哲学思想，香烟缭绕的意境恰好和这种哲学思想相吻合。佛、道两教的进一步发展，神仙故事的不断传播，也给香带来了一些神秘的色彩。《太平御览》引《世说新语》说，东晋时有个叫陈庄的人，"入武当山学道，所居恒有白烟，香气闻彻"。又引《续晋安帝纪》说，陈庄曾拜访魏兴太守郭宣之，"去后郡内悉闻香，状如芳烟流散"。《梁书·韩怀明传》载："（韩怀明）十岁母患尸疰，每发辄危殆。怀明夜于星下稽颡祈祷。时寒甚切，忽闻香气，空中有人语曰：'童子母须臾永差，无劳自苦。'未晓而母豁然平复。"香气此时已经成为神仙的象征。

隋、唐

隋唐时期，中国结束了魏晋南北朝近四百年的分裂状态，在空前统一的辽阔疆域内，各族人民互相融合，创造出了灿烂辉煌的文明，封建社会进入到了一个鼎盛时期。经济的发展，科技的进步，交通的发达，使得香料贸

易出现了空前繁荣的局面，香料的普及在此时有了很大的改观。

在中国古代对外贸易史上，香料的进口一直占据主导地位。隋唐两代，中国对外贸易的重心逐渐由陆路改为海路。唐代中期，海上丝绸之路迅速发展，其时大食、波斯（大食的属国）的外商遍布于沿海的各港口，尤以广州最盛。到唐朝末年，广州的外商数量已经十分可观。据史料记载，黄巢在攻陷广州前，勒索巨款不遂，所以城陷时屠杀外商达十二万之多。正是通过如此庞大的外商群体，使得香料得以源源不断地流入中国。

除了从国外引入，香料也已成为唐代许多州郡的重要特产。唐刘餗的《隋唐嘉话》中曾记载了这样一个故事："谢朓诗云：'芳洲多杜若。'贞观中，医局求杜若，度支郎乃下坊州令贡。州判司报云：'坊州不出杜若。应由谢朓诗误。'太宗闻之大笑。判司改雍州司法，度支郎免官。"唐朝度支司为掌管财政收支和物资调运的官署。太医院要用杜若，糊涂的度支郎（度支司长官）就去向坊州调拨。坊州的判司（负责批转公文的小官）如实回报，结果升为雍州司法（主管刑法的官）。度支郎却被免了官。从这个故事中，可以清楚地看到，唐朝已经建立起从地方州郡向朝廷调运香料的制度。

香料的普及，使得隋唐时期用香的量非常大。《香乘》曾引唐苏鄂的《杜阳杂编》说："隋炀帝每至除夜，殿前诸院设火山数十，车沉水香。每一山焚沉香数车，以甲煎沃之，焰起数丈，香闻数十里。一夜之中用沉香二百余乘，甲煎二百余石。"唐郑处海《明皇杂录》记载："唐朝明皇时，宫内有沉香亭，明皇与贵妃在亭上赏木芍药。"这里的"沉香亭"，应该是用沉香木造的亭子。另据五代王仁裕《开元天宝遗事》记载，当时权倾朝野的杨国忠宅中有"四香阁"。"沉香为阁，檀香为栏槛，以麝香、乳香筛土和为泥饰阁壁。每于春时木芍药盛开之际聚宾于此阁上赏花焉，禁中沉香之亭殆不侔此壮丽者也"。

香料的大量涌入，使香的价格大大降低，所以隋唐以后，烧香开始慢慢推广到民间。唐代的文人普遍用香，留下了很多咏香的诗句，如王维的"朝罢香烟携满袖，诗成珠玉在挥毫"、杜甫的"雷声忽送千峰雨，花气浑如百和香"、白居易的"闲吟四句偈，静对一炉香"。

宋

　　宋代中国用香的历史发展到了一个鼎盛时期。发达的海外贸易、日趋成熟的香料运销机制，使得这一时期香的使用遍及社会生活的方方面面。随着用香的群体逐渐扩大到民间，围绕香的制作和使用形成了一个发达的产业。文人普遍用香、制香，出现了许多论香的专著。文学作品中，对香的描写已经十分普遍。香在此时已经深入人心，成为人们生活中必不可少的组成部分。

　　宋王朝开始建国不久，便由于"外有岁币、内有冗员"而呈现出财政上的种种困难，进而出现对海外贸易的依赖。据史料记载，当时与阿拉伯贸易的南方各港口的收入，是国家最大宗的收入之一。与此同时，历时200年的十字军东征（1095～1270），严重削弱了阿拉伯帝国的国力，国家财政十分困难。为了开辟财源，阿拉伯人不得不大力发展商业，来华贸易成为主要途径，而贸易的物品则以香料为主。基于以上因素，宋代的香料贸易空前繁荣。据全汉昇的《宋代广州的国内外贸易》一文记载，当时较为重要的香料

山坡论道图

贸易品有：龙涎香、龙脑香、沉香、乳香（熏陆香）、木香、蔷栀子、耶悉茗花（素馨花）、蔷薇露等。外国运来的香药，由各地的市舶司管理。市舶司就是后来的海关，始设于唐，负责海外贸易。到了宋代变得越发重要，广州、番禺、杭州、明州、泉州等地都设有市舶司。在市舶司掌管的各种贸易中，香料贸易占有首要的地位，并且出现了专门从事香料运输的"香舶"。1974年福建泉洲发掘出一艘宋代香舶，上面就装载有龙涎香、沉香、乳香、降真香、檀香等香料。宋代香料进口的数量是非常庞大的，据史料记载，北宋神宗熙宁十年（1077），仅广州一地所收乳香数量就高达20多万公斤。

　　正是因为香料数量十分充足，所以宋代香的使用得到了很大地普及。香与人们的关系越来越密切，遍及人们生活的方方面面。北宋司马光撰写的《司马氏书仪》一书，记录了当时民间的通用礼仪，其中便多次涉及香的使用。书中有"焚香"22处，"香炉"9处，"炷香"8处，另外还涉及香酒、香盒、香匙等。北宋画家张择端的《清明上河图》，是一幅生动记录当时城市生活面貌的传世名画，里面多处描绘了与香有关的场景。最有代表性的是其中有一个香铺，门前立有"刘家上色沉檀拣"字样的招牌。"沉"是指沉香，"檀"是檀香，"拣"则是指上品乳香。香铺中除了贩卖香料之外，也生产香的成品，如合香、棒香、香水等。香铺之外，市井之中还有一些与香有关的行业。如据南宋吴自牧的《梦粱录》记载，南宋都城临安有专门制作印香的人。"每日印香而去，遇月支请香钱"。又如南宋周密《武林旧事》卷六"酒楼"条中，提到酒楼上"有老妪以小炉炷香为供"，称为"香婆"。

　　宋代香事如此发达，关于香的书籍也十分丰富。北宋初李昉编辑的《太平御览》中，就收录有"香部"三卷。其中列出香料共42种，并记述了许多与香有关的故事。周去非的《岭外代答》、范成大的《桂海虞衡志》、赵汝适的《诸蕃志》中，也都有部分香料的记载。另外，在《宋会要辑稿》《宋史》及各种宋人笔记中，亦可散见一些香料的名称。最为突出的是，宋代出现了很多"香谱"类的书籍。宋元之际陈敬在编写《陈氏香谱》时，所引用的各家谱录便有"沈立之《香谱》、洪驹父《香谱》、武冈公库《香谱》、张子敬《续香谱》、潜斋《香谱拾遗》、颜持约《香史》、叶庭珪《香录》等。洪刍（驹父）的《香谱》写于北宋末，分"香之品"、"香之异"、"香之事"、"香之法"四个部分。其中"香之品"部分记有43种香料，记载得很是详细。《香录》的作者南宋叶廷珪，更是供职于市舶司，收集了不少第一手资料。他在自序中说："余于泉州职事，实兼舶司，因蕃商之至，询究本末，录之以广异闻。"而《陈氏香谱》则是一个博采宋代诸家成果的集大成之作，是研究宋代用香历史的一本重要参考书。

宋代文人中盛行用香，黄庭坚曾自称"有香癖"，苏轼曾亲自制作了一种篆香赠与苏辙作为寿礼，陆游则作有《烧香》诗。在宋代的诗词之中，自然不乏写香的佳句，如晏殊的"翠叶苍莺，珠帘隔燕，炉香静逐游丝转"、欧阳修的"沉麝不烧金鸭冷，笼月照梨花"、李清照的"薄雾浓云愁永昼，瑞脑销金兽"、陆游的"一寸丹心幸无愧，庭空月白夜烧香"。

飞阁延风图

元、明、清

　　在元代的对外贸易中，香料仍然是主要的商品。《马可·波罗游记》中曾提到中国人从印度贩运香料，满载而归。进入明代后，明成祖朱棣为开拓海外航线，取得对外贸易的主动权，于1405年起下令郑和率领两万余人的庞大船队七下西洋。船队曾到达南洋、印度洋沿岸以及波斯、阿拉伯等30多个国家。沿途用丝帛、瓷器、茶叶等中国特产与各国进行交易。香料是交易回来的主要商品，包括檀香、龙脑、乳香、木香、安息香、没药、苏合香等。这些香料除供宫廷使用外，大部分被销往各地。清朝建立之初，为防范台湾郑氏反清势力，在东南沿海实行海禁，仅允许广州"一口通商"。从此中国的对外贸易进入到了长达两百年的闭关锁国时期，严重影响了香料的进口。从清代中叶开始，国家经济日渐凋敝，中国社会受到了前所未有的冲击，传统文化受到了西方文明的严峻挑战。香事在中国的没落，也成了不可避免的状况。

　　明代是中国用香历史发展的成熟期，香的使用更为普及，此时线香已开始广泛使用，并且形成了成熟的制作技术。《本草纲目》中就记有"使用白芷、甘松、独活、丁香、藿香、角茴香、大黄、黄芩、柏木等为香末，加入榆皮面作糊和剂，可以做香成条如线"。这一制香方法的记载是现存最早的关于线香的文字记录。

　　除了用香、制香的发展，明代以后学者对香的研究也有了长足的进步。继宋代大量出现香谱类著作之后，明朝末年出现了一部集历代香谱之大成的作品，即周嘉胄的《香乘》。

　　周嘉胄，字江左，扬州人。生卒年及事迹均不详。据他本人在《香乘自序》中说，此人"好睡嗜香，性习成癖"。《香乘》一书初成于万历戊午（1618）年间，当时全书只有13卷。后来，作者认为该书过于简略，且疏漏较多，于是广泛搜集香之名品、典故及鉴赏之法，旁征博引，一一具言始末，积二十余年之力，编成此书。于崇祯辛巳（1641）年间刊出，作者自为前后二序，另有李维桢序言一篇。是书一共28卷。卷一至卷五，载"香品"180多种，总述香品的产地及历史，分述各种香品的特点、优劣、用途等。卷六，载"佛藏诸香"，记"象藏香"以下43种，主要叙述各香品的功用。卷七，载"宫掖诸香"，记"薰香"以下46种，都是春秋战国以来历代王朝宫庭所用之香。卷八，载"香异"，主要记述"沉榆香"以下近50种香品的特异品质。卷九至卷十，载"天文香"5种、"地理香"20种、"草木香"46种、"鸟兽香"15种、"宫室香"28种、"身体香"8种、"饮食香"21种、"器具香"32种。卷十一至卷十二为"香事别录"，记述"香尉"以下香事150多件。卷十三为"香绪余"，记"香字义"以下30多件。卷十四至卷二十五，搜集所能见到的各种香方，包括"法和众妙香"、"凝合花香"、"熏佩之香"、"涂傅之香"、"香属"、"印篆诸香"、"晦斋香谱"、"墨娥小录香谱"、"猎香新谱"等，一共400多种。卷二十六为"香炉类"，主要记述香炉及与香炉有关之事近40件。卷二十七为"香诗汇"，主要记载历代诗词近40首。卷二十八为"香文汇"，记载历代名人关于香的文章20篇。是书采集十分繁富，编次条理分明，代表了我国古代香学研究的最高成就，也为中国传统香文化，做了一次总结。

中国香具

随着中国人用香的不断普及，各种熏香和佩香的器具，逐渐呈现出形式丰富、材质多样的特点，无论从种类上还是数量上，都有了很大的发展。从古至今，流传下来的大量香炉、香囊，它们既是中国用香文化不可分割的组成部分，就其器物本身而言，也是难得的艺术珍品。可以说，中国香具在其产生之初，便兼具了实用与装饰两大功能。

香　炉

　　香炉是最为常见的焚香用具，其历史可上溯到新石器时期。经过数千年的发展，香炉的种类日益丰富，可以从造型、用途和材质等不同角度作出划分。从炉体造型来看，香炉可分为博山炉、鼎式炉、鬲式炉、簋式炉、豆式炉、奁式炉、钵式炉、筒式炉、兽型炉、长柄香炉、横式香炉等；从用途来看，香炉可分为薰炉、篆香炉、手炉、脚炉等；而制造这些香炉的材质，则有金、银、铜、陶、瓷、玉、竹、木、象牙等。

龙泉窑三足炉，口径9.6厘米，高6厘米。（汤忠仁提供）

博山炉

　　博山炉，是汉朝人在神仙思想影响下，制造出的一种造型独特的薰炉。博山炉的炉盖很高，象东海博山（海外仙山）之形。山间装饰有珍禽、异兽、神仙等，在隐蔽处有孔洞，下设底座以贮水。当焚香时，孔洞处散发出香烟，底座处有水汽上升，创造出一个烟雾缭绕的仙境。

博山形薰炉，高13.5厘米，最大直径12厘米。（吴悦提供）

鼎式炉

造型像鼎的香炉。

鬲式炉

造型像鬲的香炉。

龙泉窑鬲式香炉，高7.4厘米，直径9厘米（吴悦提供）

铜三足鬲式炉（少残），口径9.7厘米，高3.6厘米，重297克，款识"古长"（吴悦提供）

簋式炉

造型像簋的香炉。

豆式炉

造型像豆的香炉。

奁式炉

造型像妆奁的香炉。

钵式炉

造型像钵盂的香炉。

筒式炉

筒式炉又称"香筒"，主要用于熏烧线香或棒香。圆筒形，有炉盖，炉壁镂空，内设插线香的插座。以竹刻香筒最为普遍。明清时广为流行。

兽型炉

制造成动物形状的香炉，以狮子形状最为常见，古籍中叫"狻猊"。与狮子十分相近的神兽"角端"，也常常被铸作薰炉。鸭子也常作为香炉的造型，往往称为"宝鸭"、"香鸭"、"金鸭"、"金鳬"等。

青铜薰炉，长13.5厘米，宽7.3厘米，高13.5厘米（吴悦提供）

长柄香炉

长柄香炉因其造型像斗（一种酒器），所以又名"香斗"。此件香炉有较长的柄，一端手持，另一端有一个小香炉，可供站立或行走时使用。长柄香炉在佛教场合中使用较为广泛。

横式香炉

旧称"卧炉"，类似筒式炉但为横卧状，为焚烧横式线香（如藏香）设计。以上为薰炉。

篆香炉

用于焚烧篆香的香炉。

手炉

手炉主要用于取暖，也可熏香。

脚炉

类似手炉，较大。

宣德炉

明宣宗宣德三年（1428），暹罗国（今泰国）进贡了几万斤优质黄铜矿石。黄铜是由铜和锌所组成的合金，呈淡金黄色，有光泽，十分惹人喜爱。于是宣宗差遣能工巧匠，以黄铜为主，加入金银珠宝一并精工冶炼，制造了一批精美的铜制香炉。这就是著名的"宣德炉"。

铜坐端兽香薰炉，高8.5厘米，重402克（黄定中提供）

香 球

香球由金属制成，球壳镂空，球内有两个小环，以转轴相连，里面是焚香的小园钵。当香球滚动时，小环由于重力的作用，旋转调节，使

小圆钵始终保持水平状态。由于香球中的香品不会倾倒，可以放在被褥中，所以又叫"被中香炉"。常配有提链，可以悬挂。或加设底座，便于平放。

薰 笼

在香炉外面罩上的一层竹笼（也有玉石等材质）。把衣被等物搭在竹笼上，利用上升的烟气，把衣被熏香。

香 囊

香囊又称"香包"，古代称"容臭"，一般以丝织品制成。内填各种香料、香粉，外罩镂空的小盒（材质常为金、银、玉等），顶端有丝绦（香缨）。随身携带或悬挂于车轿、居室、帷帐内。

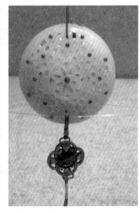

古代玉制香囊（严辉提供）

香具集锦：

铜冲绕绳耳三足炉，口径12.1厘米，高6.5厘米，重1025克。

铜三乳足香炉，口径11.2厘米，高4.5厘米，重728克。

铜三足鬲式炉，口径12.2厘米，高4.5厘米，重925克。

铜蚰耳圈足香炉，口径9.6厘米，高5.1厘米，重494克。

德化白瓷双狮耳圈足香炉，带原硬木座及熏香盖，口径12厘米，炉高6.3厘米，整高15.7克。

铜三足六角香炉，直径12.2厘米，高5.6厘米，重397克。

铜三足六角香炉，直径12.2厘米，高5.6厘米，重397克。

双耳三足瑞兽钮铜香薰炉，口径15.5厘米，炉高14.9厘米，整高23.9厘米，重3352克。

双耳三乳足原莲花座香炉，口径12.8厘米，高6.8厘米，重1585克，
座径13.6厘米，高2.4厘米，重930克。

石湾紫砂四兽足冲天耳狮钮香薰炉，长14.5厘米，宽14.5厘米，炉高16.5厘米，整高26厘米。

四足双螭圈耳暗刻花带原端木座熏香铜炉，长9.2厘米，宽6.8厘米，
炉高5.2厘米，整高6.9厘米，重265克。

炉高5厘米，整高7厘米，口径7.9厘米，重351克。

以上照片由留余斋黄定中提供。

歙石香炉，长15.5厘米，宽12厘米，高7.6厘米。

龙泉窑薰炉，高13.8厘米，最大直径12.5厘米。

青花香炉，高10厘米，最大直径13.8厘米。

青花香炉，高5.5厘米，最大直径7.2厘米。

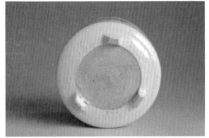

青花香炉，高8.6厘米，最大直径5.5厘米。

龙泉窑香炉，高8.8厘米，最大直径19.2厘米。

以上照片由山外山房吴悦提供。

宜兴紫砂双铺首三足炉，规格口径8厘米，
高5.6厘米。

宜兴窑酱釉印龙纹三足炉，口径
7.2厘米，高6厘米。

宜兴窑酱釉双耳三足炉，口径9.6厘米，
高7.5厘米。

宜兴窑绿釉双铺首三足炉，口径16.6厘米，
高10厘米。

以上照片由吴光荣提供。

介绍日本的香道

香料传到日本的历史文化背景

　　距离现在大约一千四百年以前，即公元6世纪末，推古天皇女帝即位后，次年立了其兄用明天皇的儿子厩户皇子为皇太子，令他执掌当时大和朝廷的政权。厩户皇太子（公元574～622）先进的思维理念为依据，又具有十分突出的对和平文化的崇尚性格，所以在他摄政期间，日本的新文化运动在他的倡导下进入了空前昌盛的阶段。

　　圣德太子所施新政的具体内容，主要可归纳为弘扬佛教、制定冠位、颁发宪法、对隋通交和编修国史五件大事。

　　首先，弘扬佛教是新政的基本精神所在，推古天皇即位之初即下诏书宣布弘扬佛教。由圣德太子亲自制定的十七条宪法的第二条规定：要求一般国民虔诚敬佛。佛教在当时是代表进步思想的，圣德太子对佛教的深刻理解和高度智慧都超出常人，他把佛教引到日本，并促其昌盛方面也是作出了很大贡献的。他不仅建造了法隆寺、四天王寺等佛寺，而且还亲自注释了一些经卷，比如《三经义疏》就是他钻研佛教的成果。该书是对《法华经》《维摩经》和《胜鬘经》三部经典加以注释的书，使佛教能在日本得到传播，并且在奈良时代经留学僧之手传到唐朝，受到唐朝佛教界的高度评价。

　　其次，也是最重要的，是他在输入外来先进文明方面的功绩。对隋通交就是直接向隋朝派遣使节，在圣德太子的主持下，从公元600年开始向中国大陆派出了使节（遣隋使），不但恢复了对中国的外交，而且还派了留学生、留学僧等随行以引进先进的中国文化和生产技术，为以后日本古代国家的发展和强化奠定了基础。

佛教和香料传到日本的传说

关于佛教传到日本，在《日本书纪》里，钦明天皇十三年（552）有条记载：冬十月，百济的圣明王派遣了西部姬氏达率怒蜊斯致契等使者，献来释迦佛的金铜像一尊、幡盖若干和经论若干卷。

香木的名称，最早记载于钦明天皇十四年（553）：夏五月初一的凌晨五时，河内国人反映，在泉郡的茅淳海中央，发出异乎寻常的声音，听起来好像天空中震耳的雷声，同时还能看到它发射出好似太阳耀眼的光辉。天皇得知后感到怪异，故派遣沟边直去茅淳海上探察究竟。果然，当船只驶到海上，即发现了晶莹玲珑的樟木漂浮在海面上，遂即将它取回献给天皇。天皇命画工用它制作了两尊佛像放置在吉野寺内。吉野寺（即比苏寺），又因为樟木制作的佛像能发放光芒，故被称为现光寺。

延喜十七年，藤原兼辅著的《圣德太子传历》上记载：推古天皇三年（594）即圣德太子摄政的第二年春天，在土佐的南海，黑夜里有个大的能够发光的东西，并且发出如同雷一样的声响。经过了三十天后，到了夏四月，此物漂浮到了淡路岛的南岸，被岛上的人发现，将它和木柴混在一起放到灶火上烧。没想到此木经过燃烧发散出异常的香气，遂后岛上的人将此物献给圣德太子。此木长约八尺，其香无比，太子观后大悦，称其为"沉水香"并上奏天皇。

此木名梅檀香，产自南天竺国的南海岸。夏天的时候，因为此木性寒，致使许多蛇类动物的喜欢并互相缠绕着它，所以还遭受到岛上的人用箭射它。而到了冬天，蛇离开它去冬眠了，人们便可以采到它。它的果实称作"鸡舌"，它的花称作"丁子"，它的脂称作"薰陆"，总称"沉水香"，而且又因为它是浅香，故香气能保持很久。

传说当今陛下，兴隆释教，并且制作了许多佛像安放在寺院里供人们礼拜，此木感恩漂送而来。故此天皇发布圣旨：命百济工将此木刻造高数尺的观音菩萨檀像，安放在吉野比苏寺内，时时放出光芒。

公元六世纪，佛教和香木不断由国外传到日本，这标志着真正意义上的日本黎明时代的到来。

公元618年，在中国大陆，隋朝灭亡，唐朝兴起，这个巨大的帝国的出现，活跃了东西文化的交流。西域的文化物质，通过丝绸之路（横贯亚洲的贸易要道，同时也是东西文化交流的通路）大量的物资和文化渡过海洋到达了日本。比如法隆寺金堂的柱子就是仿照古希腊、罗马式建筑的柱子样子建造的。当时大和的民众，为了达到富国的愿望，真挚的倾听和认真的学习海外的文化。这种现象当时被形容为：大量的雨水连续不断地浇灌在干枯的土地上，使枯萎了的植物长出了新鲜的嫩芽，散发出勃勃的生机。

这个时期大和的人们所学到的文化被称为"中国式文化"，这在日本香的历史上得到了充分的验证。

圣德太子退位以后，佛教得到了普及，奈良时代是以佛教为中心的各种文化取得惊人发展的时代，故此称为"佛教主义政治"。圣武天皇（724～749）时期，流行诵读《金光明最胜王经》和《仁王护国般若经》，以达到消灾解难、保国护民的目的。另外，佛教的仪式很有魅力，在庄严的寺庙，端庄的佛像前，熏香礼拜、诵读经文，好似进入仙境一般，并由此带来巨大的效验。

圣武天皇推行佛教政治的事迹中，最显著的当属创建国分寺和东大寺之举。公元749年他因身体欠佳，退位让其女儿阿倍内登基，名孝谦天皇，改元天平胜宝。他要在首都建造一尊五丈三尺高的卢舍那大佛的心愿，也是因为身体的原因由夫人光明皇后替他完成了。光明皇后不负重托，虽耗费了大量的人力、物力和财力，大佛经过八次浇铸，终于在天平胜宝元年（749）十月二十四日完成。并于天平胜保四年（752）在东大寺举行了空前盛大的大佛开眼仪式。圣武太上皇、光明皇太后和女儿孝谦天皇率领文武百官出席仪式。《续日本纪》称这次仪式是佛法东归以来未曾有过的盛会。

中国唐朝的鉴真和尚对医药的知识特别擅长，他携带了大量的医药物品（包括香料）曾六次东渡日本，几经磨难，遭受了五次失败后，终于在天平胜宝六年（754）来到日本。实现了佛教戒律的东移，他不仅传授了佛教的律宗，还让被传授者了解了许多草药知识。据说还传授了配制合香的方法。

当年四月，圣武太上皇、光明皇太后和孝谦天皇，请刚刚到达日本的鉴真和尚在东大寺的卢舍那大佛前为其授戒。

天下第一香、日本国宝——兰奢待

天平胜宝八年（756）五月，圣武太上皇病逝，光明皇太后为悼念丈夫，在东大寺的一角建造了正仓院，用来收藏圣武太上皇留下的数万件遗物。在遗物中除了奈良时代大量的文化资料和佛教用品外，还有同佛教一起传来的香木和焚烧香时所用的道具（香炉）和放置香物的香囊等实物。另外，光明皇太后还将被称为天下第一香的日本国宝"兰奢待"献给了东大寺，也放置在东大

天下第一香，国宝，兰奢待。现收藏在东大寺的正仓院内。此香被足利义政、织田信长和明治天皇截取过，贴纸条的地方就是截取时留下的记录。

足利义政、织田信长截取位置的放大照片。

寺的正仓院中。此香长达156厘米，最大直径为37.8厘米，当时所称重量是13公斤。后经足利义政、织田信长和明治天皇在不同时期分别截取

了部分"兰奢待"，并且都留下了记录。故此，现今的重量为十一点六公斤。

香道的主要流派

所谓"香道"就是通过闻香的方法（用鼻子嗅的方法分辨出香木的各种不同气味），按照一定的规则和程序，对香木的品位、等级进行鉴赏。这种方法在室町时代开始盛行。

足利幕府的第八代将军足利义政，在京都附近建造了东山山庄，并聚集了很多当代有名的文化人，特别是活跃在香的领域里突出的人物三条西实隆和志野宗信。

三条西实隆（1455～1537）出身官宦，永正三年（1506）任正二位内大臣。他收藏的沉香就有六十六种之多。他的流仪特点是风格高雅、注重文化品位及制作工艺严谨，因此被日本的贵族和皇室所喜爱，并在宫中的御香所里也负有责任。他创立的流派称为御家流派。并由他开创了日本的香道，江户时代被尊为日本香道的始祖。

紧随其后的是志野流派，他的创始人——志野宗信是幕府将军足利尊的近臣，曾在三条西实隆管理的宫中御香所里学习香道。因受足利将军的影响，志野流派注重精神修养和制作工艺简约，属于日本武士阶层的武家风格。

除了以上两大流派外，还有受到东福门院非常信任的米川常伯创建的米川流派。这三大流派代表了江户时代的流仪。再以后就是织田信长、丰臣秀吉时代，志野省巴的弟子建部隆胜创立的建部流派和志野流的第四代传人峰谷宗悟创立的峰谷流派了。这两个流派是在志野流派的基础上发展起来的，并使香道界出现了空前的繁荣。

志野宗信遵从了足利义政的使命，从上世纪存留下来已经膨胀的沉香收藏品中，经过认真仔细的玩味、推敲，从中选定了流传至今的"六十一种名香"。又进一步将多种多样的沉香逐一进行了鉴定，并确定了以"六国五味"为分类的基本标准。

"六国"：伽罗、罗国、真南蛮、真那贺、佐曾罗、寸闻多罗。是指六个产香之地，它即是产地之名也是香木之名。

"六国五味"的六国。

"五味"：甘、酸、辛、苦、咸。是指香木的五种味道。

香道的形成和发展

　　奈良时代，香主要用在佛教礼仪和佛前的供香。而到了平安时代，当香料逐渐迈进了贵族生活的时候，焚香已经成为贵族生活中不可缺少的一部分了。他们用香熏衣、在室内燃香以及外出游玩时也带着香物。到了镰仓、室町时代，由于贵族衰败，武士当权，香的纯真、质朴和幽远枯淡的个性被武士们所尊崇和喜爱。香料的制作也以"武家风格"为基准，制作工艺尽量做到精益求精，操作规程力求井然有序，对闻香的分道具也进行了改良，使得香的艺术性开始展现出来。香道作为一种能够与茶道、花道并驾齐驱的室内艺术，逐渐成为了人们鉴赏的对象，从而揭开了灿烂的历史一页。

　　进入江户时代，随着宽永传统文化复兴时期的到来，香道不仅在新兴武士道和富豪家中看到，而逐渐地在一般的平民中得到了推广。现在香道使用的组香也出自于江户时代，美丽的道具及精美别致的盘物更是受到广大女性们的喜爱。町民、地主依靠自己的经济力量学习香道，艺伎们也把通晓香道作为职业的需要。从此，香也不仅仅是以它的香味博得人们的喜爱，而是作为一种具有较高文化教养的艺术形式出现在日本社会。并且使香道从贵族、武士们的玩赏之物，发展成现在被广大平民百姓能够接受的艺术，是香道艺术的一大转折。

然而，到了明治时期，由于西方欧美文化的大量渗入，日本传统的文化受到冲击，因此香道也受到了一定的影响，又退回到了只有上流阶层参与的高级嗜好了。

二战后，随着花道和茶道的振兴，香道又回到了广大平民百姓的生活中。而作为香道的主要流派"御家流"和"志野流"，也是在其后人们的不懈努力下，香道得到了延续和发展，直到今天。

香的道具和使用方法

香道的工具：包括割香工具、点火工具、闻香炉、银叶和香包、香牌、香盒、香盘以及装香道工具和香木的乱箱等。

割香工具有：槌子、厚刃刀、锯子、凿子和小刀五种。以及割香时使用的台子称割香台。

点火工具有：银叶夹、羽帚、香匙、香筋、莺（别香包用的针）、火箸和灰押七种。还有装点火工具的容器——香筋建。

闻香炉：圆筒形，高6~8厘米、直径6~7厘米。

割香的工具：左上是两个割香台、右上是装工具的箱盒。左下依次是槌子（二把）、厚刃刀、锯子、凿子（二把）、小刀（二把）。

香绎——天然香料的制作和使用

银叶：是一种镶有金银边的薄云母片，点香时将它放在火上面，使香不和火直接接触。装香木和银叶的容器称重香盒。

乱箱：装所有香道工具的箱子，包括香包、香牌和香盘等，箱内各种道具的摆放都是有一定位置的。

左：（由上至下）香包、重香合中：（由上至下）折居、银叶盘、闻香炉两个　右：（由上至下）香札箱；香箸建。

日本香道工具的制作十分讲究，许多工具都有金或银的镶边，还刻画了豪华精美的图案。

香的种类和八种使用方法

十四种香料

鉴于香的形状和制法的不同，大体上分为香木、线香、练香、印香、涂香、抹香、烧香、匂い香（在汉语里找不到能够代替它的词）八种。

香木

指的是沉香和白檀，把它切、削成小块，下面用炭火烤，使其散发出香气来。（注：在香道上使用的香，特别要选上等品质的。）

线香

将各种香料和樟科红楠的树皮制成粉末，混合一起经过熬炼，作成细棒形状的香。用在室内还是用于佛事上，根据它的长度来决定。由细棒型派生出螺旋型（和我们使用的蚊香相似）和圆锥型两种形状的香，在室内用的居多。

炼香

将各种香木和香料剁成粉末，加入蜂蜜和梅肉等，混合后熬炼成丸药形状的香。在天气较冷并且使用火炉的季节，在茶席上使用。

印香

先将香料制成粉末，加入调和剂混合均匀后，放在诸如梅花形等各种各样的模具上，经过挤压使其凝固成型，制作出各种形状的香。

不管是哪个类型的香，都要用炭火烤，使其散发出诱人的香气，而从中得到最高的享受。各种香木和香料制成的粉末，经过混合也可以用做涂香和抹香。

涂香

将香木制成的粉末，涂在身体上，使其达到消除异味、洁净身体的功效。现在，佛教仪式之前，将称之为"虚无的香"的香粉涂在身上，并使大量的香气进入体内，从而得到了"修行"的效果。

抹香

将各种香木和香料制成的粉末，经过研磨成极细小的粉末，再用细筛筛到香盘中存放备用。

烧香

将香木和香料剁成的粉末，经搅拌调和后放在灵前焚烧。灵前用香的类型有：五种香、七种香、

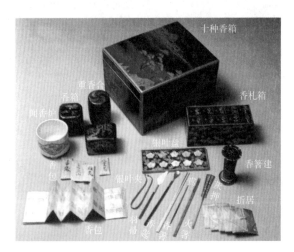

香的道具

十种香等。基本上是以沉香、白檀、丁字、郁金、龙脑（一般可用樟脑替代）五种组合为多。

匂い香

译成汉语是能够散发香气的香。此类香制作成粉末，不用炭火烤，在常温下就能散发出所希望的香气来。将此种香放入袋中或挂在衣柜的柱子上。还有用它作为装饰物放在汽车内的后视镜下。女士们用它做装饰品当耳环及手饰用。

线香的使用和制作

线香的历史悠久，最初的制作是以纤细的竹条为轴心，外边包裹一层香料，叫做竹芯香。在以前曾诞生了佛祖释迦牟尼的印度，线香在当时曾被用作计算时间的道具，就相当于现在的钟表一样。灵前焚香也起源于佛教，释迦牟尼圆寂后，在灵前就焚烧线香，由于线香使用非常便利，故此在佛教界被广泛应用。

现在，日本认为线香的制作技术，是从四百年前的天正年间被传来的。传闻，在日本长崎做工的人中，有从朝鲜渡海过来的人，据他们说线香的制作技术是从中国福建省福州沿海的被称作五岛的地方传过来的。

现在制作的线香，除了按长度和形状的不同制作了几种类型外，还制作了圆盘形和角状形两种类型。并且由于制作线香的生产厂的不同，制作出来的线香也是各种各样。家庭用的线香，长度大多为7～18厘米左右，除了在佛前作为"供香"使用外，也可在接待室、客厅和书房中放置线香，从中达到由"香"带给的那种享受的乐趣。传统的如"温暖的春风"般的日本式线香，由沉香、白檀、桂皮、丁字、龙脑等香料加上中国的草药混合调制而成。

线香作为寺院的仪式用香，必须具有长时间点燃而不能间断的特点，为配合这种需要而特别制作了比较长的香，最长的香有73公分，大约可维持八个小时左右。

京都制造的线香，原料主要是从海外的城市带来的较为贵重的中国香料，并融合了从王朝时代蓄积下来的调和技术而制成的。比其他地区特别的发达。在这种情况的驱使下，又制造出了纤细而优良的高级品种香。不久，京都制造的线香被总称为"京线香"。而相对于使用国内产的原料制造的香，其中具有代表性的线香是"杉线香"。该香是将杉木的叶子和果实制作成粉末，加入粘着剂使其成型即可。该香不仅烟气大而且价格低廉，故主要在墓地等场所使用。

另外，由线香派生出圆锥型和螺旋型两种形状的香。

圆锥型：起源于明治三十年时期，为出口欧美等国而制造的类型，它的香灰不散落的特点是经多年钻研的成果，就连现在国内也有很多地方在使用。

螺旋型：因为它比普通的线香保持的时间长，所以发明了这种形状。它的直径大约在5公分左右，点燃后可保持大约两个半小时。螺旋型香作为佛前用香，主要是在关西地方用，一般的螺旋线香，是使用它的平面状态，将手拿住螺旋线香的中心，看起来就和寺院里的吊钟相仿。而且将螺旋线香制作成直径为10公分左右，它可以燃烧八个小时以上，这使灵前香烟不断的佛事习惯变为现实。

在海外的寺院里，大多使用的是吊钟形的螺旋线香，最大的吊起来有两米多高，据说能够燃烧数日。

线香不管在任何时候，在香的专卖店里都能买到，辟如大众使用的香、佛坛上用的实用线香、高雅的趣味香、传统的中国香、以花和香草为主题风格的现代香等等，各种各样、种类丰富，价格也是从上等的到低廉的应有尽有。

然而，要想挑选到你所中意的线香也是件不太容易的事，必须掌握要领。好的线香在点燃之前，自身的香气是不能判断出优劣的，必须要在点燃以后，当看见线香燃到2～3毫米以下的时候，用鼻子在距离线香二三十厘米的地方，通过两三次试闻，才能选出你所中意的香来。

线香的制作方法

原料：以沉香、白檀、桂皮、丁字、龙脑等植物性香料为主，加上樟科乔木红楠树的叶子和鲜嫩的树皮，经过粉碎后再加入适量的小麦粉和鸡蛋，将其调和成糊状备用。

制作工艺：首先，将混和好的原料加入适量开水，经过几次熬炼再加入着色剂，然后放入类似压面机的机器里压制成平面状的半成品。下一步是将此半成品放入下面带有均匀小孔的机器里，开动机器后粗细一致的线香就被挤压出来了。此时操作人员用竹刮刀将挤出来的线香切成长度一致后，移到了干燥板上，将近四百根的线香满满地并列在干燥板面上，这也有效地控制了因干燥后而变弯曲的不良品发生。

并列摆放在干燥板上的线香，必须要经过三至四天的悬挂，才能达到自然干燥的目的。但是，建在室外的干燥场受雨季的影响较大，一但碰到阴雨天气，只好将线香移到室内进行机械干燥了。

匂い袋家族里的两个名牌——"誰が袖"和 "浮世袋"

在日本语的词汇里，美丽的词语"优雅"已经对很多的人产生了影响。而首次被命名为优雅的商品"誰が袖"，则是日本香道中叫做匂い袋的一个品种。

从室町时代的后期开始，它的名字通过将两个袋状物缝在衣袖上的形式，很快就广为人知了。在香袋中放入已经捣碎了的白檀、龙脑和丁字等香料，袋子的两端系着细绳，孩子们用的是带带儿的手套，挂在肩上，携带香袋的手套刚好在两个袖子的下面。

"誰が袖"的命名，在《古今和歌集》中可以看到。其中的一首是这样描写的："比起色来说，香更加具有思念，原来'誰が袖'，曾经居住过的家，是绽放着的梅花。"

在充满梅的香味中，首先应该想到的，是被带有香气的香熏过的衣物，香给人们带来的不仅仅是它散发的香气，而是对人心灵的净化。它的这种无私奉献精神，应该受到人们的赞颂。

和"誰が袖"在同一时期经销的匂い袋中，还有另外一个品种"浮世袋"。它是用绸或绢缝制成三角形的袋子，并将香料放入袋中，平时人们把它和衣服一同放在衣柜内，出门时放在怀中。当时的人们根据季节和气候的不同，和自己的喜好在"誰が袖"和"浮世袋"两大品牌中，选择比较适合自己的香型使用。优雅的命名非常恰当，它配合季节的变化，挑选不同的香料。这样对人们的大脑和微妙的神经起到了很好的保护。并且现在能够感受到古时的人们生活是多么美好。

为了使匂い袋这个优雅品牌的名香，能够充分发挥作用，在衣柜内悬挂的衣服尽可能摆放整齐，像女式手提包、手帕等小的物品尽量放在不显眼的地方，使有效的利用空间更加宽阔一些。

在平安时代挂香只有一个品种，吊挂在房间的立柱和墙壁上。现代则不同，制作成悬吊形状的匂い袋，各种各样的品种在专卖店里都能买到。将各种样式、品质优良的香袋，吊挂在客厅、起居室的柱子和走廊的墙壁上。不仅它散发出来的香气诱人，而且为它特别精心设计的造型，将成为一道亮丽的风景展现出来。在这样的环境下生活，那将是什么样的心情不言而喻。

另外，在专卖店的橱窗里，可以看到由花样和颜色都不相同的花布，做出的一个一个非常漂亮的匂い袋，有类似年轻姑娘们喜欢穿的长袖衫样子的"振袖形"、有挎在腰间的荷包形状的"巾着形"、也有小巧可爱的"娃娃头形"、还有和妇女们用的（手提包、手套、帽子等）服饰品样子一模一样的"装饰形"，品种繁多、琳琅满目。

这种造型多样、优雅别致的匂い袋，在寝室里可以摆放在桌子上的台灯和电话机旁，也可以摆放在梳妆台上；在衣柜内可以吊挂在男人的西装口袋以及女士的手提包上；还可以带在女孩们扎在头发上的丝带上，等等。

也许，赶上梅雨季节，鞋箱里的鞋由于挤得满满的不透气而发霉变臭，这时才想起了匂い袋来，随后将它和除湿剂一同放进鞋箱里，果然不出所料，不仅驱除了臭味，还增添了清香。

在京都，可以看到许多在大街上奔跑的出租汽车，在车内都悬挂着匂い袋。一提起古都的风景，大家不约而同的都说到了车上的匂い袋。后来私人汽车的主人也模仿出租车的样子，在后视镜下边悬挂自己满意的匂い袋，精美别致的"香袋"不仅给车内增添了美感，还使不算太大的车厢里的空气得到了清香，这难道不是一种观念的更新吗？

闻香与闻香炉

伽罗和沉香等香木，具有天然的香气，由于它具有各种各样、微妙不同的个性，要想使其发出轻微而适合的香气，达到最理想的状态，必须经过平稳、温和的加热（即间接加热）。首先，必须使用香炉，闻香时用的香炉称为闻香炉。

闻香：左是一女子在闻香。右是闻香炉。

为了在闻香时方便使用，所以香炉的外形非常简单，好像笔筒、又像茶缸似的筒状物，下面有三个足，材料以青瓷和上色的陶瓷器为主流。香炉的中间放入炭团和灰，闻香使用的灰必须是枹树或小橡子等、即有香味木纹也细的上等木材。菱灰（烧成灰的菱角儿壳）因为耐烧而木质优良也经常被使用。埋在灰里的炭团，是经加压凝固成稻草袋型的专用香炭团，市场上可以买到。

为了调整灰的形状，金属制的火著和灰押是必要的，在山形的灰面上，用银叶夹（摆放银叶的道具）将银叶（约2厘米左右、四方形的薄板状的云母片）摆放在灰面上。因为香木不能直接放在灰面上，所以将用银叶

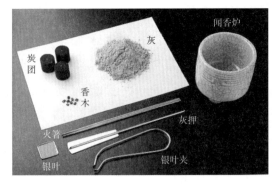

闻香工具

放在香木和灰的中间，使炭团的热经过银叶的传递，变得非常柔和。对于闻香来说，好用的道具必须准备充分。如果香炉和道具都齐备了，接下来该焚香了。

首先用火箸在香炉的灰中央拨开一个洞，将烧的正旺的炭团放进去，被灰埋在深处。然后用火箸将覆盖炭团上的香灰扒拉成像山一样的形状。再用右手拿灰押，在山形灰的侧面轻轻地抹押，左手托着香炉配合右手的动作转动方向。反复几次后，在山形的灰面上抹押成圆锥型。燃后，用一根火箸由灰的顶端中央处插进去直到炭团的地方，捅出一个通道来，在灰顶部形成一个窗口，使炭团的热气由此窗口传出来。用银叶夹将银叶放置在窗口上，再将香木放在银叶上。这时，热度加强了以后，香木被烤焦而产生的烟气，向上发散。尽管香气肉眼看不见，但是可以闻到它那高品质的具有诱人的香味，从而给人们以最美的享受。为了达到更好的效果，熟练地控制火候是必要的。

香席——日本香道的经典盛会

因为香席是享受香的会议，也是日本香道的经典盛会，所以在会议的注意事项中，严格要求参加会议的人员必须遵守以下规定：

一、参加会议的人员须是健康的成年人，并且要穿和服；

二、香水和香料严禁带入场内；

三、女士不能使用香味较浓的化妆品；

四、男士不许在头发上使用带有香味的头油或发蜡；

五、香席会议中禁止吸烟；

六、会议前不能食用香味强的（葱和大蒜等）食物；

七、严格遵守禁令，不许带酒味参加会议。香席的两侧，床的中间，禁止使用插花（鲜花）作为装饰，而用绢花或纸花。

闻香就是用做工精致的香炉作为工具，将预先选好的香料放入香炉内，闻香者用鼻子吸取香料散发出的香气，根据参加香席人数的多少决定闻香的次数是三回还是五回（香道称三息、五息）。因为闻香的时间过长会使后面的人感到为难。同样，在闻香的过程中，和相邻的人商谈事情或回答问题，以及重新打开香炉的窗口添加或更换香料均视为不礼貌的行为应及时给予纠正。香木（沉香）在镶入香炉的灰中时，也有时掉落下来，这时自己不要动它，而是必须请"香元"

香席：会场中央、台上左侧、文台、志野棚

香席风景

（在香道的组香席上按规矩焚香的人）将掉落的香木重新放好。另外，闻香结束以后，禁止在会场上闲聊。

下面以志野流的香席为例，简单介绍一下香席的仪式过程：

在等候的时候，由香元手举点燃炭火的香炉向大家问候，然后先从主要的客人正客（来宾和长辈）开始，按顺序将手清洗干净，在入口处行一个礼，并拜见放置各种香道具的志野棚、记录时用的文台和装饰品后，进入规定的座位。

香元在会场的入口处向大家行礼，全体参会人员也都向他回了礼，然后由香元介绍当天组香的程序。接下来香元从志野棚上拿着"火取香炉"走向入口处，而此时会议的执笔者（闻香的记录者）也在会场的入口处向大家行礼，参会人员也向他回了礼。接下来，香元和执笔者一同手持道具（砚、砚水壶、地敷纸、记纸和笔等）发给正客、次客（坐在次席的客人）以及一般的客人后回到本座。

香元看到道具并列放置好以后，向全体人员再次行礼致意，并宣布香席仪式开始。当香元请出闻香炉的时候，包括来宾和长辈在内的全体人员，对所期盼体验享受时刻的终于到来而欣喜若狂，而这种喜悦的气氛笼罩着整个会场。

火取香炉

闻香的次序是：正客、次客、次客直至一般的客人。闻香者首次敬领到闻香炉后，左手托着闻香炉，右手放在鼻前从正面、侧面转动着闻香。伴随着试香（为了使预先设计的香能够得到记忆）在组香的场合下的应用，更加坚定了对香

松食鹤莳绘二阶棚

的记忆。在闻香的过程中，呼出的气息时，一定注意不要影响到邻近的人。闻香结束后，将香炉端端正正地传递给距离自己最近的客人。试香结束以后，由正客开始按顺序研墨，并在记录纸上写上自己的名字（男士用汉字书写，女士用平假名书写、"子"可省略不写。）

当香元宣布"出香"的时候，第二个香炉被请出来了，从现在开始进行香的鉴赏。当香炉被送到面前时，根据自己的判断并参考和对照试香的记忆，然后将自己思考成熟的答案写在记纸上。等全体人员将答案都写完了以后，从正客开始依次将记纸放到记纸台上。然后，正客将砚交到次客手上，次客再把正客的砚摞在自己的砚上，用这种方式依次的传接下去，直到全部返还为止。

香元在整理返还的道具，而执笔者则将收集上来的记纸内容写在料纸（记录用纸）上，并参照原来隐藏在香包内的正确答案，评出每个出席者的分数。

执笔者经过了认真仔细地核对记录，最终确认：正客获得到了高分（因为解答正确的数最多）。正客向主客及全体出席者行礼致意。此时会场的气氛达到了最高点，同时也预示着会议即将结束。这时，香元和执笔者同时准备退席，在会场的入口处向大家行礼致谢并宣布会议获得圆满成功，就此关闭了入口处。最后，由正客、次客等客人按顺序从出口处缓缓地退席。

现在的香席，组香是主流

现在，香席大多数的时候，是以组香的形式出现和实施的。古典文学和四季的风情等作品的主题写到用闻香的方法可以判别出许多种香木的异同，并以此作为竞技游戏的鉴赏和评判方法。

将香的鉴赏和具有文艺性的游戏比赛紧密地结合一起的想法，起源于平安时代、流行在贵族之间的薰物盒（装有香木的精美盒子）。这个时期，贵族们分别调配制作，最后将炼香（用麝香、沉香等香料的粉末加蜂蜜搅拌后再经熬炼而成的薰香）经多方面比较，制成香的上等品，用于竞技游戏的比赛。

在室町时代的武士们中间，崇尚着单一的、清纯的风格，享受着由一种香料带给的快乐，而作为闻香的形式开始推广。为了比较和判定天然香木的优劣，成立了相应的组织。选出的上等好香被称为名香，而装名香的精美盒子称名香盒。此后，到了室町时代后半期，香道成立了。这些薰物盒和香盒被组香替代了，此后享受组香带来的快乐变成了香道的主流。

简单地说，组香的种类也有数百种之多。而它们的名称、进展以及趣向等等，都有它们各自的主题所决定的。古代具有代表性的组香：十炷香、宇治山香、源氏香、竞马香、小鸟香、小草香、花月香、名所香、矢数香等。从小说和现代诗、音乐等题材的作品中，可以看到，为了创作新的组香而积极努力的御家流，做出了较大的贡献，他们将大约有七百个种类的组香传承下来。

盘物在江户时代盛行

将棋（相当于中国的象棋）和国际象棋等游戏使用的棋盘和棋子，可以用来做组香游戏中的小道具，这种特殊的小道具能够完成各种各样的比赛项目。盘物又称作盘立物，就是组香游戏中的小道具。它在比赛中表现的好坏，不在于比赛者技术的优劣程度，而取决于参赛者对组香的种类及品味的鉴赏水平的高低。这不仅使参加者能够观赏到游戏中的乐趣，还能享受到香木带来的诱人的香气，真是一举两得。

这种游戏从德川时代初期开始，到了中期就已经很

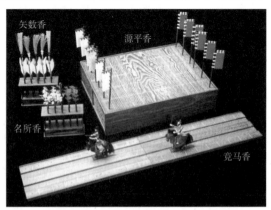

四种盘物

相扑香

舞乐香

流行了。当时，流行的盘物有：竞马香、源平香、名所香、矢数香、斗鸡香、蹴鞠香、相扑香、舞乐香、空蝉香、冷标香等种类很多。

竞马香：在盘的上面，用人形、马、青枫树的枝等道具，比赛出哪匹马移动的快，而马前进的速度是由参赛者在闻香时回答的正确数来决定的。（详细情况后面介绍）

源平香：盘上的两边，立有红、白两种颜色的小旗，它们分别代表源氏和平家两方，双方通过在比赛场上进行厮杀决出胜负。这种带有悲剧色彩的游戏，后来源氏流派联合了东福门院一起坚决反对而被废止了。

名所香：为了能够替代源平香，当时香道的师傅米川常伯受东福门院的委托，研究出了一种游戏方法称名所香。他用吉野的樱花（白色的花春天开）替代源氏的红旗；用龙田的红叶（红色的花秋天开）替代平家的白旗。这样，白色的樱花代表春方、红色的红叶代表秋方。而春秋之争替代了源平之争，皆大欢喜。竞赛的结果也是春秋两方中，哪方先到达正中央的地方为胜。

另外，矢数香是制作成箭形的道具，供参赛者使用。斗鸡香是在五根羽毛制作的鸡形道具上，涂上红、白两种颜色，在盘上进行争斗。而蹴鞠香是制作成公卿、官人、僧侣等人形道具和柳、樱、松的道具进行玩耍。相扑香则是制作成相扑裁判员和相扑力士的人形道具，进行相扑比赛的游戏。

现在流行的盘物代表——竞马香

　　竞马香，每年五月五日的端午节上，都要按计划和习惯在京都的上贺茂神社，举办竞马活动。马是神仙乘坐的交通工具，关于马的神话，自古代时期就有传说。上贺茂神社的竞马活动，则是由平安时代，曾在宫中的武德殿上有过类似的表演，而被流传下来。

　　竞马的赛事准备：将涂抹成红色装束和黑色装束的两个男士模样的道具，分别乘坐两匹与自己装束颜色相同的马形道具，在各自的跑道上向着同一目标奔跑，而决胜点就是预先放置青枫树的地方，最先到达者为胜。比赛使用的盘，宽度没有很大区别，长度有十格、十二格、十八格不同，这也跟参加的人数多少有关。

　　与其他组香不同的是，执行者除了常规的香元和执笔者以外还有操纵盘的人员参加。操作者挑选出在试香时比较常用的香型，打乱香的排列顺序后，重新摆放整齐，供参加者鉴别。

　　竞马比赛开始：参赛双方（红色装束和黑色装束的两个骑马男士模样的道具各自代表一方）平行站立在起跑线上，等待执行者发令，即可以通过比赛规则向前移动。

　　比赛开始后，执行者将不同类型的香，让参赛者辨别。按照比赛规定，回答正确的可以将自己一方的道具向前移动一格。当比赛的另一方回答错误时，而回答正确的一方则可以将自己的道具向前移动三格，落后四格将自动下马，待挽回四格后再重新上马。直到一方到达终点取胜，比赛结束。

　　现在的竞马虽然是速度的比赛，但是不管哪一方获胜，对于参赛者来说都不十分关心，而是悠闲地、无拘无束地享受着比赛带给的快乐。

组香的基础——十炷香

十炷香在组香的游戏方面，被称为是组香的基础。现以十炷香的游戏为例介绍如下。十炷香就是准备好四种香，将它分成A、B、C、D四个种类，A、B、C三种，每种分别分成三个包，D种一个包，这样共计十个包。为了便于领会，将四个种类排列如下：

一、A种香三包，二、B种香三包，三、C种香三包，四、D种香一包。

具体作法：首先由香元选出一种香作为本香，以它为基本香再与其他三种香混合成A、B、C三种香，每种香又分成三包，共计九包，作为试香先让参加者试闻，以求得记忆。D种香也就是客香是不能作为试香用的，只有一包。香元将这十包（包内隐蔽处写好香的种类，不让参赛者看见）打乱次序从新排列后，让参赛者依次用闻香的形式辨别出，哪个香包是属于哪个种类的香，并填写在记录纸上，最后由执笔者收集、整理，按照回答正确的数量多少，评出优胜者。

十炷香的叫法也因流派的不同而有区别，比如在试香的场合，御家流认为叫做"蓬莱十炷香"比较合适，而志野流则认为叫"十种香"更为恰当。但是在非试香的场合，两个流派则都称为"十炷香"。

组香中与四季有关的香

在各种各样、品种繁多的组香中，有四种组香与季节关系非常密切，被称之为：春（莺香）、夏（菖蒲香）、秋（月见香）、冬（初冬香）的四种香，别有一番味道。下面简单介绍如下。

春的组香"莺香"

它包含有松、竹、梅、莺四种香，而松竹梅每种各四包，并将四包中的一包作为试香，莺为客香只一包不做试香。

松竹梅分别试香过后，首先作为第一阶段，将松竹梅各一包（共计三包）认真细致地混合后点燃。让参赛者按照规定的顺序进行鉴别，因为这三种香在试香时都有记忆，所以比较顺利地通过了。而到了第二阶段，除了将松竹梅各二包（共计六包）以外，还要加上莺一包（共计七包）经过混合后点燃。再一次让参赛者按顺序进行鉴别时，因为这回是七种香，而且其中一种香没有经过试香，鉴别起来就比较困难。按照比赛规定：假如在这阶段有人猜到了莺，就是优胜者，竞赛结束。

松竹梅自古以来有"岁寒三友"之称，已被大家所知晓。松和竹均是常年绿色不绝的植物，就是在阴郁寒冷而漫长的冬天，在强烈的日光照射下，再加上梅花的点缀，和莺（又叫春告鸟）的初啼，的确能够呈现出一派酷似春天的景象。所以古人对初音（莺的初啼）的期盼，用"一日不见，如隔千秋"来形容是一点儿都不过分的。

夏的组香"菖蒲香"

是由编号为一、二、三、四、五的五种香组成，其中一、二、三、五各一包不做试香，四号的二包内有一包作为试香。试香过后，将一、二、三、四、五各一包（共计五包）认真细致地混合后点燃。参会者参照试香时的记忆，根据自己对香的多年钻研技术，在五种香的气味中寻找出四号香在哪儿登场，并能描述出其典故的出处来为胜。

作为这个组香的主题，引用了在和歌上，源赖政作的一首诗，诗中是这样描写的："五月的雨季，池边长满了真菰，相邻的菖蒲，即使是香气浓郁，却无法露出水面。"

在这首诗里，提到了"五月的菖蒲"，说明了它和夏季的关系。另外，这首诗和前面引用"誰が袖"的那首诗的节律相同，均为五七五七七的排列顺序，而且恰好是三十一个字，这正是和歌的韵律，现在已经成为了典故。

秋的组香"月见香"

它包含有月、客二种香，将月香四包中的一包作为试香，客香三包不做试香。准备好两个种类的沉香，首先向参会者宣布先将一个命名为月的香作为试香点燃，再将剩下的作为竞技比赛用的月三包和客三包展示出来。因为客香不是试香，所以对于它是一个怎么样的香，参会者没有表示。试香结束以后，将月三包和客三包（计六包）认真细致地混合后并打乱了顺序后，只选用其中的三包按顺序点燃。参会者各自参照在试香时对月香的记忆，判别出这三种香分别排在什么位置。月和客的组合能产生出八种可能性，现引用诗的情景描写列举如下：

月月月＝十五夜、月月客＝待宵、客月月＝十六夜、月客月＝水上月、客月客＝木间月、月客客＝夕月夜、客客月＝有明、客客客＝雨夜。

冬的组香"初冬香"

它包含有岚、云、客三种香，将岚香四包中的一包和云香四包中的一包同时作为试香，客香一包不做试香。

岚和云分别试过后，岚三包和云三包（计六包）经认真细致地混合后，去除二包将剩下的四包按照岚和云的比率，可产生三对一、二对二、一对三的可能性。这时再加入客一包（计五包）再次认真细致地混合后点燃。结果，答案相对应，岚和云在这个时候出现确实恰到好处，因此也给了描写情景找到了借口。岚如果多数出现称为落叶，云如果多数出现称为时雨。在二对二同数的时候，岚先出现称为木叶雨，云先出现称为村时雨。五包全部相对应的时候，假如全都猜中了称为初冬（此香的名字就叫初冬香）。一包也没有猜中的称为小春。

总的来说，春、夏、秋、冬四种香，没有十炷香和竞马香名气大，也没有相扑香和舞乐香好看，但是它具有的文学和艺术性也别具一格。

除此以外，还有源氏香和以日本三景为主题的三景香、适合庆祝活动的松竹梅香和庆贺香、限于部分人的节日享用的七夕香和重阳香、年终的岁暮香和迎接新年的万岁香等。

在涉及面极为丰富的组香世界里，不仅能够尽情地享受组香带给人们无限的乐趣，还能达到陶冶情操、净化心灵、提高文化素养以及丰富文娱生活等无法估量的作用。

《香乘》（节选）

《陈氏香谱》原序

　　香者五臭之一，而人服媚之，至于为香谱，非世宦博物、尝杭舶浮海者不能悉也。河南陈氏《香谱》，自子中至浩卿，再世乃脱稿，凡洪、颜、沈、叶诸谱具在，此编集其大成矣。

　　诗书言香，不过黍稷萧脂，故香之为字，从黍作甘。古者从黍稷之外，可焫者萧，可佩者兰，可㟽者郁，名为香草者无几，此时谱可无作。《楚辞》所录名物渐多，犹未取于遐裔也。汉唐以来，言香者必取南海之产，故不可无谱。

　　浩卿过彭蠡，以其谱视钓者熊朋来，俾为序。钓者惊曰："岂其乏使而及我？子再世成谱亦不易，宜遴序者。岂无蓬莱玉署，怀香握兰之仙儒；又岂无乔木故家，芝兰芳馥之世卿？岂无岛服夷言，夸香诧宝之舶官；又岂无神州赤县，进香受爵之少府？岂无宝梵琳房，闻思道韵之高人；又岂无瑶英玉蕊，罗襦芗泽之女士？凡知香者，皆使序之。若仆也，灰钉之望既穷，熏习之梦久断。空有庐山一峰以为炉，峰顶片云以为香，子并收入谱矣。每忆刘季和香僻，过炉熏身，其主簿张坦以为俗。坦可谓直谅之友，季和能笑领其言，亦庶几善补过者。有士于此，如荀令君至人家，坐席三日香，梅学士每晨袖覆炉，撮袖以出，坐定放香，是富贵自好者所为，未闻圣贤为此，惜其不遇张坦也。按《礼经》，容臭者童儒所佩，茝兰者妇辈所采，大丈夫则自流芳百世者在。故魏武犹能禁家内不得熏香，谢玄佩香囊则安石患之。然琴窗书室，不得此谱则无以治炉熏，至于自熏知见，抑存乎其人。"遂长揖谢客，鼓棹去。客追录为《香谱序》。

　　至治壬戌，兰秋，彭蠡钓徒熊朋来序。

香炉类

炉之名
炉之名，始见于《周礼·冢宰》之属：宫人寝中共炉炭。

博山香炉
汉朝故事，诸王出阁，则赐博山香炉。

又
《武帝内传》有博山香炉，西王母遗帝者。（《事物纪原》）

又
皇太子服用，则有铜博山香炉一。（《晋东宫旧事》）

又
泰元二十二年，皇太子纳妃王氏，有银涂博山连盘三，升香炉二。（同上）

又
炉象海中博山，下有盘贮汤，使润气蒸香，以象海之回环。此器世多有之，形制大小不一。（《考古图》）

古器款识，必有取义，炉盖如山，香从盖出宛山腾岚，足盘环以呈山海象。

绿玉博山炉
孙总监千金市绿玉一块，嵯峨如山，命工治之，作博山炉。顶上暗出香烟，名"不二山"。

九层博山炉
长安巧工丁缓，制九层博山香炉。镂为奇禽怪兽，穷诸灵异，皆自然

运动。（《西京杂记》）

被中香炉

丁缓作卧褥香炉，一名"被中香炉"。本出防风，其法后绝，至缓始更为之。为机环转运四周，而炉体常平，可置于被褥，故以为名。即今之香球也。（同上）

薰炉

尚书郎入直台中，给女侍史二人，皆选端正，指使从直。女侍史执香炉熏香以从入台中，给使护衣。（《汉官仪》）

鹊尾香炉

《法苑珠林》云："香炉有柄可执者，曰鹊尾炉。"

又

宋王贤山阴人也，既禀女质，厥志弥高。年及笄，应适女兄许氏。密具法服登车，既至夫门，时及交礼，更着黄巾裙，手执鹊尾香炉，不亲妇礼，宾客骇愕。夫家力不能屈，乃放还出家。梁大同初，隐弱溪之间。

又

吴兴费崇先，少信佛法，每听经，常以鹊尾香炉置膝前。（王琰《冥祥记》）

又

陶弘景有金鹊尾香炉。

麒麟炉

晋仪礼，大朝会，即镇官阶以金镀九天麒麟大炉。唐薛能诗云"兽坐金床吐碧烟"是也。

天降瑞炉

贞阳观有天降炉，自天而下，高三尺。下一盘，盘内出莲花一枝，十二叶，每叶隐出十二属。盖上有一仙人，带远游冠，披紫霞衣，形容端美，左手揩颐，右手垂膝，坐一小石。石上有花竹流水松桧之状。雕刻奇古，非人所能，且多神异。南平王取去复归，名曰"瑞炉"。

金银铜香炉

御物三十种，有纯金香炉一枚，下盘自副；贵人公主有纯银香炉四枚；皇太子有纯银香炉四枚；西园贵人铜香炉三十枚。（魏武《上杂物疏》）

梦天帝手执香炉

陶弘景字通明，丹阳秣陵人也。父贞，孝昌令。初弘景母郝氏梦天人手执香炉来至其所，已而有娠。

香炉堕地

侯景篡位，景床东边香炉无故堕地。景呼东西南北皆谓为厢。景曰："此东厢香炉那忽下地？"议者以为湘东军下之征。（《梁书》）

覆炉示兆

齐建武中，明帝召诸王。南康侍读江泌忧念府子琳，访志公道人，问其祸福。志公覆香炉灰示之曰："都尽无余。"后子琳被害。（《南史》）

凿镂香炉

石虎冬月为复帐，四角安纯金银凿镂香炉。（《邺中记》）

凫藻炉

冯小怜有足炉曰"辟邪"，手炉曰"凫藻"，冬天顷刻不离，皆以其饰得名。

瓦香炉

衡山芝冈有石室，中有古人住处，有刀锯铜铫及瓦香炉。（傅先生《南岳记》）

祠坐置香炉

香炉，四时祠坐侧皆置。（卢谌《祭法》）

迎婚用香炉

婚迎车前，用铜香炉二。（徐爱《家仪》）

薰笼

太子纳妃，有熏衣笼。当亦秦汉之制。（《东宫旧事》）

篦香炉

吴郡吴泰能篦，会稽卢氏失博山香炉，使泰篦之。泰曰："此物质虽为金，其象实山，有树非林，有孔非泉，阖阖风至，时发青烟，此香炉也。"语其至处，求即得之。（《集异记》）

贪得铜炉

何尚之奏庾仲文贪贿，得嫁女具铜炉，四人举乃胜。

焚香之器

李后主长秋周氏，居柔仪殿，有主香宫女，其焚香之器曰：把子莲、三云凤、折腰狮子、小三神、卍字、金凤口、玉嶒、太古容华鼎，凡数十种，金玉为之。

文燕香炉

杨景猷有文燕香炉。

聚香鼎

成都市中有聚香鼎，以数炉焚香环于前，则烟皆聚其中。（《清波杂志》）

百宝香炉

洛州昭成佛寺，有安乐公主造百宝香炉，高三尺。（《朝野佥载》）

迦业香炉

钱镇州诗，虽未离五季余韵，然回旋读之，故自娓娓可观。题者多云宝子，弗知何物。以余考之，乃迦业之香炉。上有金华，华内有金台，即台为宝子，则知宝子乃香炉耳，亦可为此诗张本。但若围重规，岂汉丁缓之制乎？（《黄长睿集》）

金炉口喷香烟

贞元中，崔炜坠一巨穴，有大白蛇负至一室，室有锦绣帏帐，帐前

78

金炉，炉上有蛟龙、鸾凤、龟、蛇、孔雀，皆张口喷出香烟，芳芬蓊郁。（《太平广记》）

龙文鼎

宋高宗幸张俊，其所进御物，有龙文鼎、商彝、高足彝、商文彝等物。

肉香炉

齐赵人好以身为供养，且谓两臂为"肉灯台"，顶心为"肉香炉"。（《清异录》）

香炉峰

庐山有香炉峰。李太白诗云："日照香炉生紫烟。"来鹏诗云："云起香烟一炷州。"

香鼎

周公瑾云："余见薛玄卿，示以铜香鼎一，两耳有三龙交蟠，宛转自若，有珠能转动，及取不能出，盖太古物，世之宝也。"

张受益藏两耳彝，炉下连方座，四周皆作双牛，文藻并起，朱绿交错，花叶森然。按：此制非名彝，当是敦也。又小鼎一，内有款曰且，文藻甚佳，其色青褐。

赵松雪有方铜炉，四脚两耳饕餮面回文，内有"东宫"二字，款色正黑，此鼎《博古图》所无也。又圆铜鼎一，文藻极佳，内有款云"瞿父癸鼎"，蛟脚。

又金丝商嵌小鼎，元贾氏物，纹极细。（皆《云烟过眼录》）

季雁山见一炉，幂上有十二孔，应时出香。

宫掖诸香

薰香

庄公束缚管仲，以予齐使，受而以退。比至，三衅三浴之。注云："以身涂香曰衅，衅或为薰。"（《齐语》）

《魏武令》云："天下初定，吾便禁家内不得薰香。"（《三国志》）

西施异香

西施举体异香，沐浴竟，宫人争取其水，积之罂瓮，用洒帷幄，满室皆香。瓮中积久，下有浊滓，凝结如膏，宫人取以晒干，锦囊盛之，佩于宝袜，香逾于水。（《采兰杂志》）

迫驾香

戚夫人有迫驾香。

烧香礼神

《汉武故事》：昆邪王杀休屠王来降，得金人之神，置之甘泉宫。金人者皆长丈余，其祭不用牛羊，惟烧香礼拜。

金人即佛，武帝时已崇事之，不始于成帝也。

龙华香

汉武帝时，海国献龙华香。

百蕴香

赵后浴五蕴七香汤，婕妤浴豆蔻汤，帝曰："后不如婕妤体自香。"后乃燎百蕴香，婕妤傅露华百英粉。（《赵后外传》）

九回香

婕妤又沐以九回香，膏发，为薄眉，号"远山黛"。施小朱，号"慵来妆"。

坐处余香不歇

赵飞燕杂薰诸香，坐处则余香百日不歇。

昭仪上飞燕香物

飞燕为皇后，其女弟在昭阳殿，遗飞燕书曰："今日嘉辰，贵姊懋膺洪册，谨上襚三十五条，以陈踊跃之心。"中有五层金博山炉、青木香、沉水香、香螺卮、九真雄麝香等物。（《西京杂记》）

绿熊席薰香

飞燕女弟昭阳殿卧内，有绿熊席，其中杂薰诸香，一坐此席，余香百日不歇。（同上）

余香可分

魏王操临终遗令曰："余香可分与诸夫人，诸舍中无所为，学作履组卖也。"（《三国志》）

香闻十里

隋炀帝自大梁至淮口，锦帆过处，香闻十里。（《炀帝开河记》）

夜酣香

炀帝建迷楼，楼上设四宝帐，有夜酣香，皆杂宝所成。（《南部烟花记》）

五方香

隋炀帝观文殿前，两厢为堂，各十二间。于十二间堂，每间十二宝橱，前设五方香床，缀贴金玉珠翠，每驾至，则宫人擎香炉在辇前行。（《锦绣万花谷》）

拘物头花香

大唐贞观十一年，罽宾国献拘物头花，丹紫相间，其香远闻。（《唐太宗实录》）

敕贡杜若

唐贞观敕下度支求杜若，省郎以谢晖诗云"芳洲生杜若"，乃责坊州

贡之。（《通志》）

助情香

唐明皇正宠妃子，不视朝政。安禄山初承圣眷，因进助情花香百粒，大小如粳米而色红。每当寝之际，则含香一粒，助情发兴，筋力不倦。帝秘之曰："此亦汉之慎恤胶也。"（《天宝遗事》）

叠香为山

华清温泉汤中，叠香为方丈、瀛洲。（《明皇杂录》）

碧芬香裘

玄宗与贵妃避暑于兴庆宫，饮宴于灵阴树下，寒甚，玄宗命进碧芬之裘。碧芬出林氏国，乃驺虞与豹交而生，此兽大如犬，毛碧于黛，香闻数里。太宗时国人致贡上，名之曰"鲜渠上沮"。鲜渠，华言碧。上沮，华言芬芳也。（《明皇杂录》）

浓香触体

宝历中，帝造纸箭竹皮弓，纸间密贮龙麝末香。每宫嫔群聚，帝躬射之，中者浓香触体，了无痛楚，宫中名"风流箭"，为之语曰："风流箭，中的人人愿。"（《清异录》）

月麟香

玄宗为太子时，爱姜号鸾儿，多从中贵董逍遥微行，以轻罗造梨花散蕊，裹以月麟香，号"袖里春"，所至暗遗之。（《史讳录》）

凤脑香

穆宗思玄解，每诘旦，于藏真岛焚凤脑香，以崇礼敬。后旬日，青州奏云："玄解乘黄牝马过海矣。"（《杜阳杂编》）

百品香

上崇奉释氏，每爇百品香，和银粉以涂佛室。又置万佛山，则雕沉檀珠玉以成之。（同上）

龙火香

武宗好神仙术，起望仙台，以崇朝礼，复修降真台，焚龙火香，荐无忧酒。（同上）

焚香读章奏

唐宣宗每得大臣章奏，必盥手焚香，然后读之。（本传）

步辇缀五色香囊

咸通九年，同昌公主出降宅于广化里。公主乘七宝步辇，四面缀五色玉香囊，囊中贮辟寒香、辟邪香、瑞麟香、金凤香，此香异国所献也。仍杂以龙脑金屑，刻镂水晶玛瑙辟尘犀，为龙凤花其上，仍络以真珠玳瑁。又金丝为流苏，雕轻玉为浮动。每一出游，则芬馥满路，晶荧昭灼，观者眩惑其目。是时中贵人买酒于广化旗亭，忽相谓曰："坐来香气何太异也？"同席曰："岂非龙脑耶？"曰："非也。余幼给事于嫔御宫，故常闻此香，未知由何而致？"因顾问当垆者，遂云："宫主步辇夫以锦衣换酒于此也。"中贵人共视之，益叹其异。（《杜阳杂编》）

玉髓香

上迎佛骨，焚玉髓之香，香乃诃陵国所贡献也。（同上）

沉檀为座

上敬天竺教，制二高座赐新安国寺，一为讲座，一为唱经座，各高二丈，斫沉檀为骨，以漆涂之。（同上）

刻香檀为飞帘

诏迎佛骨，以金银为宝刹，以珠玉为宝帐香舁，刻香檀为飞帘、花槛、瓦木、阶砌之类。（同上）

含嚼沉麝

宁王骄贵，极于奢侈，每与宾客议论，先含嚼沉麝方启口发谈，香气喷于席上。（《天宝遗事》）

升霄灵香

公主薨，帝哀痛，令赐紫尼及女道冠，焚升霄灵之香，击归天紫金之磬，以导灵昇。（同上）

灵芳国

后唐龙辉殿，安假山水一铺，沉香为山阜，蔷薇水、苏合油为江池，苓藿、丁香为林树，薰陆为城郭，黄紫檀为屋宇，白檀为人物。方围一丈三尺，城门小牌曰"灵芳国"。或云平蜀得之者。（《清异录》）

香宴

李璟保大七年，召大臣宗室赴内香宴，凡中国外夷所出，以至和合煎饮佩带粉囊，共九十二种，江南素所无也。（同上）

爇诸香昼夜不绝

蜀主王衍奢纵无度，常列锦步障，球其中，往往远适而外人不知。爇诸香，昼夜不绝，久而厌之，更爇皂荚以乱香气。结缯为山及宫观楼殿于其上。（《续世说》）

鹅梨香

江南李后主帐中香法，以鹅梨蒸沉香用之，号"鹅梨香"。

焚香祝天

后唐明宗每夕于宫焚香祝天曰："某为众所推戴，愿早生圣人，为生民主。"（《五代史》）

香孩儿营

宋太祖匡胤生于夹马营，赤光满室，营中异香，人谓之"香孩儿营"。（《稗雅》）

降香岳渎

国朝每岁分遣驿使赍御香，有事于五岳四渎，名山大川，循旧典也。岁二月，朝廷遣使驰驿，有事于海神，香用沉檀，具牲币，主者以祝文告于神前，礼毕使以余香回福于朝。（《清异录》）

雕香看果

显德元年，周祖创造供荐之物，世祖以外姓继统，凡百物从厚，灵前看果，雕香为之。（同上）

香药库

宋内香药库，在谯门外，凡二十八库，真宗御赐诗一首为库额曰："每岁沉檀来远裔，累朝珠玉实皇居。今辰御库初开处，充牣尤宜史笔书。"（《石林燕语》）

诸品名香

宣政间，有西主贵妃金香，得名乃蜜剂者，若今之安南香也。光宗万机之暇，留意香品，合和奇香，号"东阁云头香"。其次则中兴复古香，以占腊沉香为本，杂以龙脑、麝身、薝葡之类，香味氤氲，极有清韵。又有刘贵妃瑶英香、元总管胜古香、韩钤辖正德香、韩御带清观香、陈司门木片香，皆绍兴、乾淳间一时之胜耳。庆元韩平原制阅古堂香，气味不减云头。番禺有吴监税菱角香，乃不假印，手捏而成，当盛夏烈日中一日而干，亦一时之绝品，今好事之家有之。（《稗史汇编》）

宣和香

宣和时，常造香于睿思东阁，南渡后如其法制之，所谓"东阁云头香"也。冯当世在两府，使潘谷作墨，名曰"福庭东阁"。然则墨亦有"东阁"云。（《癸辛杂识·外集》）

宣和间宫中所焚异香，有亚悉香、雪香、褐香、软香、瓠香、猊眼香等。

行香

国初行香，本非旧制，祥符二年九月丁亥诏曰："宣祖昭武皇帝，昭宪皇后，自今忌前一日不坐，群臣进名奉慰，寺观行香，禁屠废务。"累朝因之，今惟存行香而已。（王栐《燕翼贻谋录》）

赍降御香

元祐癸酉九月一日夜，开宝寺塔表里通明彻旦，禁中夜遣中使赏降御

香。（《行营杂录》）

僧吐御香

艺祖微行至一小院，旁见一髡大醉，吐秽于地。艺祖密召小珰，往某所觇此髡在否，且以其所吐物状来，至御前视之，悉御香也。（《铁围山丛话》）

麝香小龙团

金章宗宫中，以张遇麝香小龙团为画眉墨。

祈雨香

太祖高皇帝欲戮僧三千余人，吴僧永隆请焚身以救免，帝允之，令武士卫其龛。隆书偈一首，取香一瓣，书"风调雨顺"四字，语中侍曰："烦语陛下，遇旱以此香祈雨必验。"乃秉炬自焚，骸骨不倒，遇香逼人，群鹤舞于龛顶上。乃宥僧众。时大旱，上命以所遗香至天禧寺祷雨，夜降大雨，上嘉曰："此真永隆雨。"上制诗美之。永隆，苏州尹山寺僧也。（《剪胜野闻》）

子休氏曰："汉武好道，遐邦慕德，贡献多珍，奇香叠至，乃有辟瘟回生之异，香云起处，百里资灵。"然不经史载，或谓非真，固当事秉笔者不欲以怪异使闻于后世人君耳。但汉制贡香不满斤不收，似希多而不冀精，遗笑外使，故使者愤愤不再陈异，怀香而返，仅留香豆许，示异一国。明皇风流天子，笃爱助情香，至创作香箭，尤更标新。宣政诸香，极意制造，芳郁昭胜，大都珍异之品，充贡尚方者，应上清大雄受供之余，自非万乘之尊，曷能享其熏烈。草野潜夫，犹得于颖楮间，挹其芬馥，殊为幸矣。

香事别录

香尉

汉雍仲子，进南海香物，拜雒阳尉，人谓之"香尉"。（《述异录》）

含嚼荷香

昭帝元始元年，穿淋池植分枝荷，一茎四叶，状如骈盖，日照则叶低荫根茎，若葵之卫足，名"低光荷"。实如玄珠，可以饰佩，芬馥之气彻十余里，食之令人口气常香，益人肌理。宫人贵之，每游宴出入必皆含嚼。（《拾遗记》）

含异香行

石季伦使数十艳姬，各含异香而行，笑语之际，则口气从风而扬。（同上）

好香四种

秦嘉贻妻好香四种，洎宝钗、素琴、明镜，云："明镜可以鉴形，宝钗可以耀首，芳香可以馥身，素琴可以娱耳。"妻答云："素琴之作，当须君归。明镜之鉴，当待君还。未睹光仪，则宝钗不列也。未侍帷帐，则芳香不发也。"（《书记洞筌》）

芳尘

石虎于大武殿前造楼，高四十丈，以珠为帘，五色玉为佩，每风至即惊触，似音乐高空中，过者皆仰视爱之。又屑诸异香，如粉撒楼上，风吹四散，谓之"芳尘"。（《独异志》）

逆风香

竺法深、孙兴公共听北来道人与支道林瓦官寺讲小品。北道屡设问疑，林辩答俱爽，北道每屈。孙问深公："上人常是逆风家，何以都不言？"深笑而不答。林曰："白旃檀非不馥，焉能逆风？"深夷然不屑。

波利质国多香树，其香逆风而闻。今反之云"白旃檀非不香，岂能逆风"言，深非不能难之，正不必难也。（《世说新语》）

奁中香尽
宗超尝露坛祷神，奁中香尽，自然溢满，香烟炉中无火烟自出。（洪刍《香谱》）

令公香
荀彧为中书令，好薰香，其坐处常三日香，人称"令公香"，亦曰"令君香"。（《襄阳记》）

刘季和爱香
刘季和性爱香，尝如厕还，辄过香炉上薰。主簿张坦曰："人言名公作俗人，不虚也。"季和曰："荀令君至人家，坐席三日香。"坦曰："丑妇效颦，见者必走，公欲坦遁去邪？"季和大笑。（同上）

媚香
张说携丽正文章谒友生，时正行宫中媚香，号"化楼台"，友生焚以待说。说出文置香上曰："吾文享是香无忝。"（《征文玉井》）

玉蕤香
柳宗元得韩愈所寄诗，先以蔷薇露灌手，薰玉蕤香后发读。曰："大雅之文，正当如是。"（《好事集》）

桂蠹香
温庭筠有丹瘤枕、桂蠹香。

九和握香
郭元振落梅妆阁，有婢数十人，客至则拖鸳鸯撷裙衫。一曲终，则赏以糖鸡卵，取明其声也。宴罢，散九和握香。（《叙闻录》）

四和香

有侈盛家，月给焙笙炭五十斤，用锦薰笼藉笙于上，复以四和香薰之。（《癸辛杂识》）

千和香

峨眉山孙真人然千和之香。（《三洞珠囊》）

百蕴香

远条馆祈子焚以降神。

香童

元宝好宾客，务于华侈器玩服用，僭于王公，而四方之士尽仰归焉。常于寝帐前雕矮童二人，捧七宝博山炉，自暝焚香彻曙，其娇贵如此。（《天宝遗事》）

曝衣焚香

元载妻韫秀，安置闲院，忽因天晴之景，以青紫丝绦四十条，各长三十丈，皆施罗纨绮绣之服。每条绦下，排金银炉二十枚，皆焚异香。香至其服，乃命诸亲戚西院闲步。韫秀问是何物，侍婢对曰："今日相公与夫人晒曝衣服。"（《杜阳杂编》）

瑶英唼香

元载宠姬薛瑶英，攻诗书，善歌舞，仙姿玉质，肌香体轻，虽旋波、摇光、飞燕、绿珠不能过也。瑶英之母赵娟，亦本岐王之爱妾，后出为薛氏之妻，生瑶英，而幼以香唼之，故肌香也。元载处以金丝之帐、却尘之褥。（同上）

蜂蝶慕香

都下名妓楚莲者，国色无及，每出则蜂蝶相随慕其香。（《天宝遗事》）

佩香非世所闻

萧总遇巫山神女，谓所衣之服非世所有，所佩之香非世所闻。（《八

朝穷怪录》）

贵香

牛僧孺作《周秦行记》云："忽闻有异气如贵香。"又云："衣上香经十余日不散。"

降仙香

上都安业坊唐昌观，有玉蕊花甚繁，每发若瑶林琼树。元和中，有女仙降，以白角扇障面，直造花前，异香芬馥，闻于数十步之外。余香不散者经月余日时。（《华夷草木考》）

仙有遗香

吴兴沈彬少而好道，及致仕，恒以朝修服饵为事。尝游郁木洞观，忽闻空中乐声，仰视云际，见女仙数十冉冉而下，径之观中，遍至像前焚香，良久乃去。彬匿室中不敢出。仙既去，彬入殿视之，几案上有遗香，悉取置炉中。已而自悔曰："吾平生好道，今见神仙而不能礼谒，得仙香而不能食之，是其无分欤？"（《稽神录》）

山水香

道士谈紫霄有异术，闽王昶奉之为师，月给山水香焚之。香用精沉，上火半炽，则沃以苏合香油。（《清异录》）

三匀煎（去声）

长安宋清以鬻药致富，尝以香剂遗中朝缙绅题识，器曰"三匀煎"，焚之富贵清妙。其法止龙脑、麝末、精沉等耳。（同上）

异香剂

林邑、占城、阇婆、交趾，以杂出异香剂和而焚之，气韵不凡，谓中国三匀、四绝为乞儿香。（同上）

灵香膏

南海奇女卢眉娘煎灵香膏。（《杜阳杂编》）

暗香

陈郡庄氏女精于女红，好弄琴，每弄《梅花曲》，闻者皆云有暗香，人遂称女曰"庄暗香"。女因以暗香名琴。（《清赏录》）

花宜香

韩熙载云花宜香。故对花焚香，有风味相和，其妙不可言者。木犀宜龙脑，酴醾宜沉水，兰宜四绝，含笑宜麝，蔷薇宜檀。

透云香

陈茂为尚书郎，每书信印记曰"玄山典记"，又曰"玄山印"。捣朱矾浇麝酒，闲则匣以镇犀，养以透云香。印书达数十里，香不断。印刻胭脂木为之。（《玄山记》）

暖香

宝云溪有僧舍，盛冬若客至则然薪火，暖香一炷，满室如春，人归更取余烬。（《云林异景志》）

伴月香

徐铉每遇月夜，露坐中庭，但爇佳香一炷，其所亲名之曰"伴月香"。（《清异录》）

平等香

清泰中，荆南有僧货平等香，贫富不二价。不见市香和合，疑其仙者。（同上）

烧异香被草负笈而进

宋景公烧异香于台上，有野人被草负笈，扣门而进，是为子韦，世司天部。（《洪谱》）

魏公香

张邦基云："余在扬州游石塔寺，见一高僧坐小室中，于骨董袋取香如芡实许，注之觉香韵不凡，似道家婴香，而清烈过之。僧笑曰：'此魏公香也。韩魏公喜焚此香，乃传其法。'"（《墨庄漫录》）

汉宫香

其法传自郑康成,魏道辅于相国寺庭中得之。(同上)

僧作笑兰香

吴僧馨宜作笑兰香,即韩魏公所谓"浓梅",山谷所谓"藏春香"也。其法以沉为君,鸡舌为臣,北苑之麝、柜邑十二叶之英、铅华之粉、柏麝之脐为佐,以百花之液为使。一炷如芡子许,焚之油然,郁然若嗅九畹之兰、百亩之蕙也。

斗香会

中宗朝,宗、纪、韦、武间为雅会,各携名香比试优劣,曰"斗香会"。

闻思香

黄涪翁所取有闻思香,盖指《内典》中"从闻思修"之义。

狄香

狄香,外国之香,谓以香熏履也。张衡《同声歌》"鞮芬",以狄香鞮履也。

香钱

三班院所领使臣八千余人,莅事于外,其罢而在院者,常数百人。每岁乾元节,醵钱饭僧进香以祝圣寿,谓之"香钱"。京师语曰:"三班吃香。"(《归田录》)

衔香

苏文忠云:"今日于叔静家饮官法酒,烹团茶,烧衔香,皆北归喜事。"(《苏集》)

异香自内出

客来赴张功甫牡丹会云,众宾既集,坐一虚室,寂无所闻。有顷,问左右云:"香已发未?"答曰:"已发。"命卷帘,则异香自内出,郁然满座。(《癸辛杂识·外集》)

小鬟持香球

京师承平时，宗室戚里岁时入禁中，妇女上犊车，皆用二小鬟持香球在旁，而车中又自持两小香球。车驰过，香烟如云，数里不绝，尘土皆香。（《老学庵笔记》）

香有气势

蔡京每焚香，先令小鬟密闭户牖，以数十香炉烧之，俟香烟满室，即卷正北一帘，其香蓬勃如雾，缭绕庭际。京语客曰："香须如此烧方有气势。"

留神香事

长安大兴善寺徐理男楚琳，平生留神香事。庄严饼子，供佛之品也。峭儿，延宾之用也。旖旎丸，自奉之等也。檀那概之曰"琳和尚品字香"。（《清异录》）

癖于焚香

袁象先判衢州时，幕客谢平子癖于焚香，至忘形废事。同僚苏收戏刺一札，伺其忘也而投之云："鼎炷郎守馥州百和参军谢平子。"（同上）

性喜焚香

梅学士询，在真宗时已为名臣。至庆历中，为翰林侍读以卒。性喜焚香，其在官所，每晨起将视事，必焚香两炉，以公服罩之，撮其袖以出，坐定撒开两袖，郁然满室浓香。（《归田录》）

燕集焚香

今人燕集往往焚香以娱客，不惟相悦，然亦有谓也。《黄帝》云："五气各有所主，惟香气凑脾。"汉以前无烧香者，自佛入中国，然后有之。《楞严经》云所谓"纯烧沉水，无令见火"，此佛烧香法也。（《癸辛杂识·外集》）

焚香读孝经

岑文敬淳谨有孝行，五岁读《孝经》，必焚香正坐。（《南史》）

烧香读道书

《江表传》："有道士于吉来吴会，立精舍，烧香读道书，制作符水以疗病。"（《三国志》注）

焚香告天

赵清献公，平生日所为事，夜必露香告天，其不敢告者，不敢为也。（《言行录》）

焚香熏衣

清献好焚香，尤喜熏衣，所居既去，辄数日香不灭。尝置笼，设熏炉其下，不绝烟，多解衣投其上。公既清端，妙解禅理，宜其熏习如此也。（《淑清录》）

烧香左右

屡烧香左右，令人魄正。（《真诰》）

夏月烧香

陶隐居云："沉香、熏陆，夏月常烧此二物。"

焚香勿返顾

南岳夫人云："烧香勿返顾，忤真气，致邪应也。"（《真诰》）

焚香静坐

人在家及外行，卒遇飘风、暴雨、震电、昏暗大雾，皆诸龙经过。入室闭户，焚香静坐避之，不尔损人。

焚香告祖

戴弘正每得密友一人，则书于简编，焚香告祖，号为"金兰簿"。（《宣武盛事》）

烧香拒邪

地上魔邪之气，直上冲天四十里，人烧青木香、薰陆、安息、胶香于寝所，拒浊臭之气，却邪秽之雾，故天人玉女太乙，随香气而来。（《洪谱》）

买香浴仙公

葛尚书年八十，始有仙公一子，时有天竺僧于市大买香，市人怪问，僧曰："我昨夜梦见善思菩萨，下生葛尚书家，吾将此香浴之。"到生时僧至，烧香右绕七匝，礼拜恭敬沐浴而止。（《仙公起居注》）

仙诞异香

吕洞宾初母就蓐时，异香满室，天乐浮空。（《仙佛奇踪》）

升天异香

许真君白日拔宅升天，百里之内异香芬馥，经月不散。（同上）

空中有异香之气

李泌少时，能屏风上立，熏笼上行，道者云十五岁必白日升天。一旦空中有异香之气，音乐之声，李氏之亲爱以巨勺扬浓蒜泼之，香乐遂散。（《邺侯外传》）

市香媚妇

昔王池国有民，面奇丑，妇国色鼻齆。婿乃求媚此妇，终不肯迎顾。遂往西域市无价名香而薰之，还入其室，妇既齆，岂知分香臭哉？（《金楼子》）

张俊上高宗香食香物

香圆、香莲、木香、丁香、水龙脑、镂金香药、一行香药、木瓜香药、藤花砌香、樱桃砌香、萱草拂儿、紫苏奈香、砌香、葡萄香莲事件念珠、甘蔗奈香、砌香、果子香螺炸肚、玉香鼎二、盖全香炉一、香盒二、香球一、出香一对。

贡奉香物

忠懿钱尚甫，自国初至归朝，其贡奉之物，有乳香金器、香龙、香象、香囊、酒瓮诸什器等物。（《春明退朝录》）

香价踊贵

元城先生在宋，杜门屏迹，不妄交游，人罕见其面。及没，耆老士庶

妇人，持香诵佛经而哭，父老日数千人，至填塞不得其门而入。家人因设数大炉于厅下，争以香炷之，香价踊贵。（《自警编》）

辛时香气
陶弘景卒时颜色不变，屈伸如常，香气累日，氤氲满山。（《仙佛奇踪》）

烧香辟瘟
枢密王博文，每于正旦四更烧丁香以辟瘟气。（《琐碎录》）

烧香引鼠
印香五文，狼粪少许，为细末，同和匀，于净室内以炉烧之，其鼠自至，不得杀。

茶墨俱香
司马温公与苏子瞻论奇茶妙墨俱香，是其德同也。（《高斋漫录》）

香与墨同关纽
邵安与朱万初帖云：深山高居，炉香不可缺，退休之久，佳品之绝，野人惟取老松柏之根、枝叶、实共捣治之，斫枫肪麝和之，每焚一丸，亦足以助清苦。今年大雨时行，土润溽暑特甚，万初至，石鼎清昼然香，空斋萧寒，遂为一日之乐，良可喜也。万初本墨妙，又兼香癖，盖墨之于香，同一关纽，亦犹书之与画，谜之与禅也。

水炙香
吴茱萸、艾叶、川椒、杜仲、干木瓜、木鳖肉、瓦上松花，仙家谓之"水炙香"。

山林穷四和香
以荔枝壳、甘蔗滓、干柏叶、黄连和焚，又或加松球、枣核、梨，皆妙。

焚香写图

至正辛卯九月三日，与陈征君同宿愚庵师房，焚香烹茗，图石梁秋瀑，翛然有出尘之趣。黄鹤山人写其逸态云。（王蒙题画）

中国历代香方

法和众妙香（一）

汉建宁宫中香（沈）

黄熟香（四斤）。白附子（二斤）。丁香皮（五两）。藿香叶（四两）。零陵香（四两）。檀香（四两）。白芷（四两）。茅香（二斤）。茴香（二斤）。甘松（半斤）。乳香（一两，另研）。生结香（四两）。枣（半斤，焙干）。又方入苏合油一两。

右为细末，炼蜜和匀，窨月余，作丸或饼熏之。

唐开元宫中香

沉香（二两，细剉，以绢袋盛，悬于瓮子当中，勿令着底，蜜水浸，慢火煮一日）。檀香（二两，清茶浸一宿，炒令无檀香气味）。龙脑（二钱，另研）。麝香（二钱）。甲香（一钱）。马牙硝（一钱）。

右为细末，炼蜜和匀，窨月余，取出旋入脑、麝，丸之熏如常法。

宫中香（一）

檀香（八两，劈作小片，腊茶清浸一宿，取出焙干，再以酒蜜浸一宿，慢火炙干）。沉香（三两）。生结香（四两）。甲香（一两）。龙麝（各半两，另研）。

右为细末，生蜜和匀，贮瓷器地窨一月，旋丸熏之。

宫中香（二）

檀香（十二两，细剉，水一升、白蜜半斤同煮，五七十沸，控出焙干）。零陵香（三两）。藿香（三两）。甘松（三两）。茅香（三两）。生结香（四两）。甲香（三两，法制）。黄熟香（五两）。炼蜜（一两，拌浸一宿焙干）。龙、麝（各一钱）。右为细末，炼蜜和匀，瓷器封窨二十日，旋熏之。

江南李王帐中香

沉香（一两，判如炷大）。苏合油（以不津瓷器盛）。右以香投油，封浸百日蒸之。入蔷薇水更佳。

又方（一）

沉香（一两，判如炷大）。鹅梨（一个，切碎取汁）。右用银器盛，蒸三次，梨汁干即可蒸。

又方（二）

沉香（四两）。檀香（一两）。麝香（一两）。苍龙脑（半两）。马牙香（一分，研）。右细判不用罗，炼蜜拌和烧之。

又方（补遗）

沉香末（一两）。檀香末（一钱）。鹅梨（十枚）。右以鹅梨刻去瓤核，如瓮子状，入香末，仍将梨顶签盖蒸三溜，去梨皮研和令匀，久窨可蒸。

宣和御制香

沉香（七钱，判如麻豆大）。檀香（三钱，判如麻豆大，炒黄色）。金颜香（二钱，另研）。背阴草（不近土者，如无则用浮萍）、朱砂（各二钱。半飞）。龙脑（一钱，另研）。麝香（另研）、丁香（各半钱）。甲香（一钱，制）。

右用皂儿白水浸软，以定碗一只慢火熬令极软，和香得所次入金颜、脑、麝研匀，用香脱印，以朱砂为衣，置于不见风日处窨干，烧如常法。

御炉香

沉香（二两，判细，以绢袋盛之，悬于铫中，勿着底，蜜水浸一碗，慢火煮一日，水尽更添）。檀香（一两，切片，以腊茶清浸一宿，稍焙干）。甲香（一两，制）。生梅花龙脑（二钱，另研）。麝香（一钱，另研）。马牙硝（一钱）。

右捣罗取细末，以苏合油拌和令匀，瓷盒封窨一月许，入脑、麝，作饼蒸之。

李次公香（武）

栈香（不拘多少，剉如米粒大）。脑、麝（各少许）。

右用酒蜜同和，入瓷罐密封，重汤煮一日，窨一月。

赵清献公香

白檀香（四两，劈碎）。乳香缠末（半两，研细）。玄参（六两，温汤浸洗，慢火煮软，薄切作片，焙干）。

右碾取细末，以熟蜜拌匀，令入新瓷罐内封窨十日，爇如常法。

苏州王氏嶂中香

檀香（一两，直剉如米豆大，不可斜剉，以腊茶清浸令没，过一日取出窨干，慢火炒紫）。沉香（二钱，直剉）。乳香（一钱，另研）。龙脑（另研）、麝香（各一字。另研，清茶化开）。

右为末，净蜜六两，同浸檀茶清，更入水半盏，熬百沸，复秤如蜜数为度，候冷入麸炭末三两，与脑、麝和匀，贮瓷器封窨如常法，旋丸爇之。

唐化度寺衙香（洪谱）

沉香（一两半）。白檀香（五两）。苏合香（一两）。甲香（一两，煮）。龙脑（半两）。麝香（半两）。

右香细剉，捣为末，用马尾罗，炼蜜搜和得所用之。

杨贵妃帏中衙香

沉香（七两二钱）。栈香（五两）。鸡舌香（四两）。檀香（二两）。麝香（八钱，另研）。藿香（六钱）。零陵香（四钱）。甲香（二钱，法制）。龙脑香（少许）。

右捣罗细末，炼蜜和匀，丸如豆大爇之。

花蕊夫人衙香

沉香（三两）。栈香（三两）。檀香（一两）。乳香（一两）。龙脑（半钱，另研，香成旋入）。甲香（一两，法制）。麝香（一钱，另研，香成旋入）。

右除龙脑外同捣末，入炭皮末、朴硝各一钱，生蜜拌匀，入瓷盒重汤煮十数沸，取出窖七日，作饼蒸之。

雍文彻郎中衙香（洪谱）

沉香、檀香、甲香、栈香（各一两）。黄熟香（一两半）。龙脑、麝香（各半两）。

右件捣罗为末，炼蜜拌和匀，入新瓷器中贮之，密封地中一月，取出用。

苏内翰贫衙香（沈）

白檀（四两，砍作薄片，以蜜拌之，净器内炒如干，旋旋入蜜，不住手搅，黑褐色止，勿焦）。乳香（五皂子大，以生绢裹之，用好酒一盏同煮，候酒干至五七分取出）。麝香（一字）。

右先将檀香杵粗末，次将麝香细研，入檀，又入麸炭细末一两借色，与玄乳同研，合和令匀，炼蜜作剂，入瓷器实按密封，地埋一月用。

钱塘僧日休衙香

紫檀（四两）。沉水香（一两）。滴乳香（一两）。麝香（一钱）。

右捣罗细末，炼蜜拌和令匀，丸如豆大，入瓷器久窖可蒸。

金粟衙香（洪）

梅腊香（一两）。檀香（一两，腊茶煮五七沸，二香同取末）。黄丹（一两）。乳香（三钱）。片脑（一钱）。麝香（一字，研）。杉木炭（五钱，为末，秤）。净蜜（二两半）。

右将蜜于埚器密封，重汤煮，滴水中成珠方可用，与香末拌匀，入白杵百余作剂，窖一月分蒸。

衙香（一）

沉香（半两）。白檀香（半两）。乳香（半两）。青桂香（半两）。降真香（半两）。甲香（半两，制过）。龙脑香（一钱，另研）。麝香（一钱，另研）。

右捣罗细末，炼蜜拌匀，次入龙脑、麝香搜和得所，如常蒸之。

衙香（二）

黄熟香（五两）。栈香（五两）。沉香（五两）。檀香（三两）。藿香（三两）。零陵香（三两）。甘松（二两）。丁皮（三两）。丁香（一两半）。甲香（三两，制）。乳香（半两）。硝石（三分）。龙脑（三钱）。麝香（一两）。

右除硝石、龙脑、乳、麝同研细外，将诸香捣罗为散，先量用苏合香油并炼过好蜜二斤和匀，贮垍器埋地中，一月取爇。

衙香（三）

檀香（五两）。沉香（四两）。结香（四两）。藿香（四两）。零陵香（四两）。甘松（四两）。丁香皮（一两）。甲香（二钱）。茅香（四两，烧灰）。脑、麝（各五分）。右为细末，炼蜜和匀，烧如常法。

衙香（四）

生结香（三两）。栈香（三两）。零陵香（三两）。甘松（三两）。藿香叶（一两）。丁香皮（一两）。甲香（一两，制过）。麝香（一钱）。

右为粗末，炼蜜放冷和匀，依常法窖过爇之。

衙香（五）

檀香（三两）。玄参（三两）。甘松（二两）。乳香（半斤，另研）。龙脑（半两，另研）。麝香（半两，另研）。

右先将檀、参剉细盛银器内，水浸火煎，水尽取出焙干，与甘松同捣罗为末，次入乳香末等一处用生蜜和匀，久窖然后爇之。

衙香（六）

檀香（十二两，剉，茶清炒）。沉香（六两）。栈香（六两）。马牙硝（六钱）。龙脑（三钱）。麝香（一钱）。甲香（六钱，用炭灰煮两日，净洗，再以蜜汤煮干）。蜜比香（片子，量用）。

右为末，研入龙、麝，蜜搜令匀，爇之。

104

衙香（七）

紫檀香（四两，酒浸一昼夜，焙干）。零陵香（半两）。川大黄（一两，切片，以甘松酒浸煮焙）。甘草（半两）。玄参（半两，以甘松同酒焙）。白檀（二钱半）。栈香（二钱半）。酸枣仁（五枚）。

右为细末，白蜜十两微炼和匀，入不津瓷盒封窨半月，取出旋丸爇之。

衙香（八）

白檀香（八两，细劈作片子，以腊茶清浸一宿，控出焙令干，用蜜酒中拌令得所，再浸一宿，慢火焙干）。沉香（三两）。生结香（四两）。龙脑（半两）。甲香（一两，先用灰煮，次用一生土煮，次用酒蜜煮，漉出用）。麝香（半两）。

右将龙麝、另研外，诸香同捣罗，入生蜜拌匀，以瓷罐贮窨地中，月余取出用。

衙香（武）

茅香（二两，去杂草尘土）。玄参（二两，蕹根大者）。黄丹（四两，细研。已上三味和捣筛拣过，炭末半斤，令用油纸罗裹，窨一两宿用）。夹沉栈香（四两）。紫檀香（四两）。丁香（一两五钱，去梗。已上三味捣末）。滴乳香（一钱半，细研）。真麝香（一钱半，细研）。

蜜二斤，春夏煮炼十五沸，秋冬煮炼十沸，取出候冷，方入栈香等五味搅和，次以硬炭末二斤拌搜，入臼杵匀，久窨方爇。

延安郡公蕊香（洪谱）

玄参（半斤，净洗去尘土，于银器中水煮令熟，控干切入铫中，慢火炒令微烟出）。甘松（四两，细剉，拣去杂草尘土，秤）。白檀香（二两，剉）。麝香（二钱，颗者。别药成末，方入研）。滴乳香（二钱，细研，同麝入）。

右并用新好者，杵罗为末，炼蜜和匀，丸如鸡头大，每香末一两，入熟蜜一两，未丸前再入白杵百余下，油纸封贮瓷器中，旋取烧之，作花香。

婴香（武）

沉水香（三两）。丁香（四钱）。制甲香（一钱，各末之）。龙脑（七钱，研）。麝香（三钱，去皮毛研）。旃檀香（半两。一方无）。

右五味相和令匀，入炼白蜜六两去末，入马牙硝末半两，绵滤过，极冷，乃和诸香令稍硬，丸如芡子，扁之，瓷盒密封，窨半月。

《香谱补遗》云："昔沈推官者，因岭南押香药纲覆舟于江上，几坏官香之半，因刮治脱落之余，合为此香，而鬻于京师。豪家贵族争而市之，遂偿值而归，故又名曰偿值香。本出《汉武内传》。"

道香（出神仙传）

香附子（四两，去须）。藿香（一两）。

右二味用酒一升同煮，候酒干至一半为度，取出阴干为细末，以楂子绞汁拌和令匀，调作膏子或为薄饼烧之。

韵香

沉香末（一两）。麝香末（二钱）。

稀糊脱成饼子，窨干烧之。

不下阁新香

栈香（一两）。丁香（一钱）。檀香（一钱）。降真香（一钱）。甲香（一字）。零陵香（一字）。苏合油（半字）。

右为细末，白芨末四钱，加减水和作饼，如此，大作一炷。

宣和贵妃王氏金香（售用录）

古腊沉香（八两）。檀香（二两）。牙硝（半两）。甲香（半两，制）。金颜香（半两）。丁香（半两）。麝香（一两）。片白脑子（四两）。

右为细末，炼蜜先和前香，后入脑、麝为丸，大小任意，以金箔为衣，爇如常法。

压香（补）

沉香（二钱半）。脑子（二钱，与沉香同研）。麝香（一钱，另研）。

右为细末，枣儿煎汤，和剂捻饼如常法，玉钱衬烧。

古香

柏子仁（二两，每个分作四片，去仁腌茶二钱，沸汤半盏浸一宿，重汤煮，焙令干）。甘松蕊（一两）。檀香（半两）。金颜香（三两）。韶脑（二钱）。

右为末，入枫香脂少许，蜜和，如常法窨烧。

神仙合香（沈谱）

玄参（十两）。甘松（十两，去土）。白蜜（加减用）。

右为细末，白蜜和令匀，入瓷罐内密封，汤釜煮一伏时，取出放冷，杵数百，如干加蜜和匀，窨地中，旋取入麝香少许，焚之。

僧惠深湿香

地榆（一斤）。玄参（一斤，米泔浸二宿）。甘松（半斤）。白茅（一两）。白芷（一两，蜜四两、河水一碗同煮，水尽为度，切片焙干）。

右为细末，入麝香一分，炼蜜和剂，地窨一月，旋丸爇之。

供佛湿香

檀香（二两）。栈香（一两）。藿香（一两）。白芷（一两）。丁香皮（一两）。甜参（一两）。零陵香（一两）。甘松（半两）。乳香（半两）。硝石（一分）。

右件依常法调治，碎剉焙干，捣为细末。别用白茅香八两，碎劈去泥焙干，火烧之，焰将绝，急以盆盖、手巾围盆口，勿令泄气，放冷取茅香灰捣末。与前香一处，逐旋入经炼好蜜相和，重入臼捣，软硬得所，贮不津器中，旋取烧之。

久窨湿香（武）

栈香（四两，生）。乳香（七两，拣净）。甘松（二两半）。茅香（六两，剉）。香附（一两，拣净）。檀香（一两）。丁香皮（一两）。黄熟香（一两，剉）。藿香（二两）。零陵香（二两）。玄参（二两，拣净）。

右为粗末，炼蜜和匀，焚如常法。

湿香（沈）

檀香（一两一钱）。乳香（一两一钱）。沉香（半两）。龙脑（一钱）。麝香（一钱）。桑柴灰（二两）。

右为末，铜筒盛蜜于水锅内煮至赤色，与香末和匀，石板上槌三五十下，以熟麻油少许作丸或饼爇之。

清神湿香（补）

芎须（半两）。藁本（半两）。羌活（半两）。独活（半两）。甘菊（半两）。麝香（少许）。

右同为末，炼蜜和剂，作饼爇之，可愈头风。

清远湿香

甘松（二两，去枝）。茅香（二两，枣肉研为膏，浸焙）。玄参（半两，黑细者炒）。降真香（半两）。三奈子（半两）。白檀香（半两）。韶脑（半两）。丁香（一两）。香附子（半两，去须微炒）。麝香（二钱）。

右为细末，炼蜜和匀，瓷器封窨一月，取出捻饼爇之。

日用供神湿香（新）

乳香（一两，研）。蜜（一斤，炼）。干杉木（烧麸炭细筛）。

右同和，窨半月许，取出切作小块子，日用无大费，其清芬胜市货者。

法和众妙香（二）

丁晋公清真香（武）

歌曰："四两玄参二两松，麝香半分蜜和同。圆如弹子金炉爇，还似千花喷晓风。"

又清室香，减去玄参三两。

清真香（新）

麝香檀（一两）。乳香（一两）。干竹炭（四两，带性烧）。

右为细末，炼蜜搜或厚片切作小片子，瓷盒封贮土中窨十日，慢火爇之。

清真香（沈）

沉香（二两）。栈香（三两）。檀香（三两）。零陵香（三两）。藿香（三两）。玄参（一两）。甘草（一两）。黄熟香（四两）。甘松（一两半）。脑、麝（各一钱）。甲香（二两半，泔浸二宿同煮，油尽以清为度，后以酒浇地上，置盖一宿）。

右为末，入脑、麝拌匀，白蜜六两，炼去沫，入焰硝少许，搅和诸香丸，如鸡头子大，烧如常法，久窨更佳。

黄太史清真香

柏子仁（二两）。甘松蕊（一两）。白檀香（半两）。桑木麸炭末（三两）。

右细末，炼蜜和丸，瓷器窨一月，烧如常法。

清妙香（沈）

沉香（二两，剉）。檀香（二两，剉）。龙脑（一分）。麝香（一分，另研）。

右细末，次入脑、麝拌匀，白蜜五两，重汤煮熟放温，更入焰硝半两同和，瓷器窨一月，取出爇之。

清神香

玄参（一斤）。腊茶（四胯）。

右为末，以糖水搜之，地下久窨可爇。

清神香（武）

青木香（半两，生切蜜浸）。降真香（一两）。白檀香（一两）。香白芷（一两）。

右细末，用大丁香二个槌碎，水一盏煎汁，浮萍草一掬择洗净去须，研碎裂汁，同丁香汁和匀，搜拌诸香候匀，入臼杵数百下为度，捻作小饼子阴干，如常法爇之。

清远香（局方）

甘松（十两）。零陵香（六两）。茅香（七两。局方六两）。麝香木（半两）。玄参（五两，拣净）。丁香皮（五两）。降真香（系紫藤香。已上三味局方六两）。藿香（三两）。香附子（三两，拣净。局方十两）。香白芷（三两）。

右为细末，炼蜜搜和令匀，捻饼或末爇之。

清远香（沈）

零陵香、藿香、甘松、茴香、沉香、檀香、丁香（各等分）。

右为末，炼蜜丸如龙眼核大，加龙脑、麝香各少许尤妙，爇如常法。

清远香（补）

甘松（一两）。丁香（半两）。玄参（半两）。番降香（半两）。麝香木（八钱）。茅香（七钱）。零陵香（六钱）。香附子（三钱）。藿香（三钱）。白芷（三分）。

右为末，蜜和作饼，烧窨如常法。

清远香（新）

甘松（四两）。玄参（二两）。

右为细末，入麝香一钱，炼蜜和匀，如常爇之。

汴梁太乙宫清远香

柏铃（一斤）。茅香（四两）。甘松（半两）。沥青（二两）。

右为细末，以肥枣半斤蒸熟，研如泥，拌和令匀，丸如芡实大爇之。或炼蜜和剂亦可。

清远膏子香

甘松（一两，去土）。茅香（一两，去土炒黄）。藿香（半两）。香附子（半两）。零陵香（半两）。玄参（半两）。麝香（半两，另研）。白芷（七钱半）。丁皮（三钱）。麝香檀（四两，即红兜娄）。大黄（二钱）。乳香（二钱，另研）。栈香（三钱）。米脑（二钱，另研）。

右为细末，炼蜜和匀，散烧或捻小饼亦可。

邢太尉韵胜清远香（沈）

沉香（半两）。檀香（二钱）。麝香（半钱）。脑子（三字）。

右先将沉、檀为末，次入脑、麝，钵内研极细，别研入金颜香一钱，次加苏合油少许，仍以皂儿仁二三十个、水二盏熬，皂儿水候黏入白芨末一钱，同上件香料加成剂。再入茶碾，贵得其剂和熟，随意脱造花子香。先用苏合香油或面刷过花脱，然后印剂则易出。

内府龙涎香（补）

沉香、檀香、乳香、丁香、甘松、零陵香、丁香皮、白芷（各等分）。龙脑、麝香（各少许）。

右为细末，热汤化雪梨糕，和作小销脱花，烧如常法。

王将明太宰龙涎香（沈）

金颜香（一两，另研）。石脂（一两，为末，须西出者，食之口涩生津者是）。龙脑（半钱，生）。沉、檀（各一两半，为末，用水磨细再研）。麝香（半钱，绝好者）。

右为末，皂儿膏和入模子，脱花样，阴干爇之。

杨吉老龙涎香（武）

沉香（一两）。紫檀（即白檀中紫色者，半两）。甘松（一两，去土拣净）。脑、麝（各二分）。

右先以沉、檀为细末。甘松别碾罗候研，脑、麝极细入甘松内，三味再同研。分作三分，将一分半入沉香末中和合匀，入瓷瓶密封，窨一宿。又以一分用白蜜一两半，重汤煮干至一半，放冷入药，亦窨一宿。留半分至调合时掺入搜匀。更有苏合油、蔷薇水、龙涎别研再搜为饼子，或搜匀入瓷盒内，掘地坑深三尺余，窨一月取出，方作饼子。若更少入制过甲香，尤清绝。

亚里木吃兰脾龙涎香

蜡沉（二两，蔷薇水浸一宿，研细）。龙脑（二钱，另研）。龙涎香（半钱）。

共为末，入沉香泥捻饼子，窨干烧。

龙涎香（一）

沉香（十两）。檀香（三两）。金颜香（二两）。麝香（一两）。龙脑（二两）。

右为细末，皂子胶脱作饼子，尤宜作带香。

龙涎香（二）

檀香（二两，紫色好者剉碎，用鹅梨汁并好酒十盏浸三日，取出焙干）。甲香（八十粒，用黄泥煮二三沸，洗净，油煎赤为末）。沉香（半两，切）。生梅花脑子（一钱）。麝香（一钱，各另研）。

右为细末，以浸沉梨汁入好蜜少许拌和得所，用瓶盛，窨数日，于密室无风处，厚灰盖火烧一炷妙甚。

龙涎香（三）

沉香（一两）。金颜香（一两）。笃耨皮（一钱半）。龙脑（一钱）。麝香（半钱，研）。

右为细末，白芨末糊和剂，同模范脱成花阴干，以牙齿子去不平处，蒸之。

龙涎香（四）

沉香（一斤）。麝香（五钱）。龙脑（二钱）。

右以沉香为末，用碾成膏，麝用汤研化，细汁入膏内，次入龙脑研匀，捻作饼子烧之。

龙涎香（五）

丁香（半两）。木香（半两）。肉豆蔻（半两）。官桂（七钱）。甘松（七钱）。当归（七钱）。零陵香（三分）。藿香（三分）麝香（一钱）。龙脑（少许）。

右为细末，炼蜜和丸，如梧桐子大，瓷器收贮，捻扁亦可。

南番龙涎香（又名胜芬积）

木香（半两）。丁香（半两）。藿香（七钱半，晒干）。零陵香（七钱半）。香附（二钱半，盐水浸一宿焙）。槟榔（二钱半）。白芷（二钱半）。官桂（二钱半）。肉豆蔻（二个）。麝香（三钱）。别本有甘松七钱。

右为末，以蜜或皂儿水和剂，丸如芡实大，蒸之。

又方（与前颇小异两存之）

木香（二钱半）。丁香（二钱半）。藿香（半两）。零陵香（半两）。槟榔（二钱半）。香附子（一钱半）。白芷（一钱半）。官桂（一钱）。肉豆蔻（一个）。麝香（一钱）。沉香（一钱）。当归（一钱）。甘松（半两）。

右为末，炼蜜和匀，用模子脱花或捻饼子，慢火焙稍干带润，入瓷盒久窨绝妙。煎可服三钱，饼茶酒任下，大治心腹痛，理气宽中。

龙涎香（补）

沉香（一两）。檀香（半两，腊茶煮）。金颜香（半两）。笃耨香（一钱）。白芨末（三钱）。脑、麝（各三字）。

右为细末拌匀，皂儿胶鞭和，脱花蒸之。

龙涎香（沈）

丁香（半两）。木香（半两）。官桂（二钱半）。白芷（二钱半）。香附（二钱半，盐水浸一宿焙）。槟榔（二钱半）。当归（二钱半）。甘松（七钱）。藿香（七钱）。零陵香（七钱）。

右加豆蔻一枚，同为细末，炼蜜丸如绿豆大，兼可服。

智月龙涎香（补）

沉香（一两）。麝香（一钱，研）。米脑（一钱半）。金颜香（半钱）。丁香（一钱）。木香（半钱）。苏合油（一钱）。白芨末（一钱半）。

右为细末，皂儿胶鞭和，入臼杵千下，花印脱之，窨干，新刷出光，慢火玉片衬烧。

龙涎香（新）

速香（十两）。泾漏子香（十两）。沉香（十两）。龙脑（五钱）。麝香（五钱）。蔷薇花（不拘多少，阴干）。

右为细末，以白芨、琼枳煎汤煮糊为丸，如常烧法。

古龙涎香（补）

沉香（六钱）。白檀（三钱）。金颜香（二钱）。苏合油（二钱）。麝香（半钱，另研）。龙脑（三字）。浮萍（半字，阴干）。青苔（半字，阴干去土）。

右为细末，拌匀，入苏合油，仍以白芨末二钱冷水调如稠粥，重汤煮成糊放温，和香入白杵百余下，模范脱花，用刷子出光，如常法焚之。若供佛则去麝香。

古龙涎香（沈）

沉香（一两）。丁香（一两）。甘松（二两）。麝香（一钱）。甲香（一钱，制过）。

右为细末，炼蜜和剂，脱作花样，窨一月或百日。

古龙涎香（一）

沉香（半两）。檀香（半两）。丁香（半两）。金颜香（半两）。素馨花（半两，广南有之最清奇）。木香（三分）。思笃耨（三分）。麝香（一分）。龙脑（二钱）。苏合油（一匙许）。

右各为细末，以皂儿白浓煎成膏和匀，任意造作花子佩香及香环之类。如要黑者，入杉木麸炭少许，拌沉、檀同研，却以白芨极细末少许，热汤调得所，将笃耨、苏合油同研香。如要作软香，只以败蜡同白胶香少许熬放冷，以手搓成铤，煮酒、蜡尤妙。

古龙涎香（二）

古蜡沉（十两）。拂手香（十两）。金颜香（三两）。番栀子（二两）。龙涎（一两）。梅花脑（一两半，另研）。

右为细末，入麝香二两，炼蜜和匀，捻饼子爇之。

白龙涎香

檀香（一两）。乳香（五钱）。

右以寒水石四两煅过，同为细末，梨汁和为饼子。

小龙涎香（一）

沉香（半两）。栈香（半两）。檀香（半两）。白芨（二钱半）。白蔹（二钱半）。龙脑（二钱）。丁香（二钱）。右为细末，以皂儿水和做饼子，窨干刷光，窨土中十日，以锡盆贮之。

小龙涎香（二）

沉香（二两）。龙脑（五分）。

右为细末，以鹅梨汁和做饼子烧之。

小龙涎香（新）

锦纹大黄（一两）。檀香、乳香、丁香、玄参、甘松（已上各五钱）。右以寒水石二钱，同为细末，梨汁和做饼子爇之。

小龙涎香（补）

沉香（一两）。乳香（一钱）。龙脑（五分）。麝香（五分，腊茶清研）。右同为细末，以生麦门冬去心，研泥和丸，如梧桐子大，入冷石模中脱花候干，瓷盒收贮，如常法烧。

吴侍中龙津香（沈）

白檀（五两，细剉，以腊茶清浸半月后用蜜炒）。沉香（四两）。苦参（半两）。甘松（一两，洗净）。丁香（二两）。木麝（二两）。甘草（半两，炙）。焰硝（三分）。甲香（半两，洗净，先以黄泥水煮，次以蜜水煮，复以酒煮，各一伏时，更以蜜少许炒）。龙脑（五钱）。樟脑（一两）。麝香（五钱，并焰硝四味，各另研）。

右为细末，拌和令匀，炼蜜作剂，掘地窨一月取烧。

龙泉香（新）

甘松（四两）。玄参（二两）。大黄（一两半）。丁皮（一两半）。麝香（半钱）。龙脑（二钱）。

右捣罗细末，炼蜜为饼子，如常法爇之。

法和众妙香（三）

清心降真香（局）

紫润降真香（四十两，剉碎）。栈香（三十两）。黄熟香（三十两）。丁香皮（十两）。紫檀香（三十两，剉碎，以建茶末一两汤调两碗，拌香令湿，炒三时辰，勿焦黑）。麝香木（十五两）。焰硝（半斤，汤化开，淘去滓，熬成霜）。白茅香（三十两，细剉，以青州枣三十两、新汲水三斗同煮，过后炒令色变，去枣及黑者，用十五两）。拣甘草（五两）。甘松（十两）。藿香（十两）。龙脑（一两，香成旋入）。

右为细末，炼蜜搜和令匀，作饼爇之。

宣和内府降真香

番降真香（三十两）。

右剉作小片子，以腊茶半两末之，沸汤同浸一日，汤高香一指为约。来朝取出风干，更以好酒半碗、蜜四两、青州枣五十个于瓷器内同煮，至干为度，取出于不津瓷盒内收顿密封，徐徐取烧，其香最清远。

降真香（一）

番降真香（切作片子）。

右以冬青树子布单内，绞汁浸香蒸过，窖半月烧。

降真香（二）

番降真香（一两，劈作平片）。藁本（一两，水二碗银石器内与香同煮）。右二味同煮干，去藁本不用，慢火衬筠州枫香烧。

胜笃耨香

栈香（半两）。黄连香（三钱）。檀香（一钱）。降真香（五分）。龙脑（一字半）。麝香（一钱）。右以蜜和粗末爇之。

假笃耨香（一）

老柏根（七钱）。黄连（七钱，研置别器）。丁香（半两）。降真香（腊茶煮半日）。紫檀香（一两）。栈香（一两）。

右为细末，入米脑少许，炼蜜和剂爇之。

假笃耨香（二）

檀香（一两）。黄连香（二两）。右为末，拌匀，以橄榄汁和湿入瓷器收，旋取爇之。

假笃耨香（三）

黄连香或白胶香。

以极高煮酒与香同煮，至干为度。

假笃耨香（四）

枫香乳（一两）。栈香（二两）。檀香（一两）。生香（一两）。官桂（三钱）。丁香（随意入）。右为粗末，蜜和令湿，瓷盒封窨月余可烧。

冯仲柔假笃耨香（售）

通明枫香（二两，火上溶开）。桂末（一两，入香内搅匀）。白蜜（三两，匙入香内）。右以蜜入香，搅和令匀，泻于水中，冷便可烧。或欲作饼子，乘其热捻成置水中。

江南李王煎沉香（沈）

沉香（咬咀）、苏合香油（各不拘多少）。

右每以沉香一两用鹅梨十枚，细研取汁，银石器盛之，入甑蒸数次，以晞为度。或削沉香作屑，长半寸许，锐其一端，丛刺梨中，炊一饭时，梨熟乃出之。

中国历代香方

李王花浸沉香

沉香不拘多少，剉碎，取有香花若酴醾、木犀、橘花或橘叶亦可、福建茉莉花之类，带露水摘花一碗，以瓷盒盛之，纸盖入甑蒸。食顷取出，去花留汁浸沉香，日中曝干，如是者数次，以沉香透烂为度。或云皆不若蔷薇水，浸之最妙。

华盖香（补）

歌曰："沉檀香附兼山麝，艾纳酸仁分两同。炼蜜拌匀瓷器窨，翠烟如盖可中庭。"

宝球香（洪）

艾纳（一两，松上青衣是）。酸枣（一升，入水少许研汁煎成）。丁香皮（半两）。檀香（半两）。茅香（半两）。香附子（半两）。白芷（半两）。栈香（半两）。草豆蔻（一枚去皮）。梅花龙脑、麝香（各少许）。

右除脑、麝别研外，余者皆炒过，捣取细末，以酸枣膏更加少许熟枣同脑、麝合和得中，入白杵令不黏即止。丸如梧桐子大，每烧一丸其烟袅袅直上如线，结为球状，经时不散。

香球（新）

石芝（一两）。艾纳（一两）。酸枣肉（半两）。沉香（五钱）。梅花龙脑（半钱，另研）。甲香（半钱，制）。麝香（少许，另研）。

右除脑、麝，同捣细末，研枣肉为膏，入熟蜜少许和匀，捻作饼子，烧如常法。

芬积香（沈）

丁香皮（二两）。硬木炭（二两，为末）。韶脑（半两，另研）。檀香（五钱，末）。麝香（一钱，另研）。

右拌匀，炼蜜和剂，实在罐器中，如常法烧。

芬积香

沉香、栈香、藿香叶、零陵香（各一两）。丁香（三钱）。芸香（四分半）。甲香（五分，灰煮去膜，再以好酒煮至干，捣）。

118

右为细末，重汤煮蜜，放温，入香末及龙脑、麝香各二钱，拌和令匀，瓷盒密封，地坑埋窨一月，取爇之。

小芬积香（武）

栈香（一两）。檀香（半两）。樟脑（半两，飞过）。降真香（一钱）。麸炭（三两）。

右以生蜜或熟蜜和匀，瓷盒盛地埋一月，取烧之。

芬馥香（补）

沉香（二两）。紫檀（一两）。丁香（一两）。甘松（三钱）。零陵香（三钱）。制甲香（三分）。龙脑香（一钱）。麝香（一钱）。

右为末拌匀，生蜜和作饼剂，瓷器窨干爇之。

藏春香（武）

沉香（二两）。檀香（二两，酒浸一宿）。乳香（二两）。丁香（二两）。降真（制过者一两）。榄油（三钱）。龙脑（一分）。麝香（一分）。

右各为细末，将蜜入黄甘菊一两四钱、玄参三分剉，同入瓶内重汤煮半日，滤去菊与玄参不用。以白梅二十个水煮令浮，去核取肉，研入熟蜜，匀拌众香，于瓶内久窨可爇。

藏春香

降真香（四两，腊茶清浸三日，次以香煮十余沸，取出为末）。丁香（十余粒）。龙脑（一钱）。麝香（一钱）。右为细末，炼蜜和匀，烧如常法。

出尘香

沉香（四两）。金颜香（四钱）。檀香（三钱）。龙涎香（二钱）。龙脑香（一钱）。麝香（五分）。右先以白芨煎水，捣沉香万杵，别研。余品同拌令匀，微入煎成皂子胶水，再捣万杵，入石模脱作古龙涎花子。

出尘香（二）

沉香（一两）。栈香（半两，酒煮）。麝香（一钱）。右为末，蜜拌焚之。

四和香

沉、檀（各一两）。脑、麝（各一钱，如常法烧）。香栨皮、荔枝壳、槟榔核或梨滓、甘蔗滓等分为末，名小四和。

四和香（补）

檀香（二两，剉碎，蜜炒褐色，勿焦）。滴乳香（一两，绢袋盛，酒煮，取出研）。麝香（一钱）。腊茶（一两，与麝同研）。松木（麸炭末半两）。

右为末，炼蜜和匀，瓷器收贮，地窖半月，取出焚之。

冯仲和四和香

锦纹大黄（一两）。玄参（一两）。藿香叶（一两）。蜜（一两）。右用水和，慢火煮数时辰许，剉为粗末，入檀香三钱、麝香一钱，更以蜜两匙拌匀，窖过蒸之。

加减四和香（武）

沉香（一两）。木香（五钱，沸汤浸）。檀香（五钱，各为末）。丁皮（一两）。麝香（一分，另研）。龙脑（一分，另研）。

右以余香别为细末，木香水和，捻成饼子，如常蒸。

夹栈香（沈）

夹栈香（半两）。甘松（半两）。甘草（半两）。沉香（半两）。白茅香（二两）。栈香（二两）。梅花片脑（二钱，另研）。藿香（三钱）。麝香（一钱）。甲香（二钱，制）。

右为细末，炼蜜拌和令匀，贮瓷器密封，地窖半月，逐旋取出，捻作饼子，如常法烧。

闻思香（武）

玄参、荔枝皮、松子仁、檀香、香附子、丁香（各二钱）。甘草（二钱）。

右同为末，楂子汁和剂，窖蒸如常法。

闻思香

紫檀（半两，蜜水浸三日，慢火焙）。枇皮（一两，晒干）。甘松（半两，酒浸一宿，火焙）。苦练花（一两）。槟榔核（一两）。紫荔枝皮（一两）。龙脑（少许）。

右为末，炼蜜和剂，窨月余焚之。别一方无紫檀、甘松，用香附子半两、零陵香一两，余皆同。

百里香

荔枝皮（千颗，须闽中未开，用盐梅者）。甘松（三两）。栈香（三两）。檀香（半两）。制甲香（半两）。麝香（一钱）。

右为末，炼蜜和，令稀稠得所，盛以不津瓷器，坎埋半月，取出爇之。再投少许蜜捻作饼子亦可。此盖裁损闻思香也。

洪驹父百步香（又名万斛香）

沉香（一两半）。栈香（半两）。檀香（半两，以蜜酒汤另炒极干）。零陵叶（三钱，用杵，罗过）。制甲香（半两，另研）。脑、麝（各三钱）。

右和匀，熟蜜搜剂，窨爇如常法。

五真香

沉香（二两）。乳香、番降真香（制过）、旃檀香、藿香（已上各一两）。

各为末，白芨糊调作剂，脱饼，焚供世尊上圣，不可亵用。

禅悦香

檀香（二两，制）。柏子（未开者，酒煮阴干，三两）。乳香（一两）。

右为末，白芨糊和匀，脱饼用。

篱落香

玄参。甘松。枫香。白芷。荔枝壳。辛夷。茅香。零陵香。栈香。石脂。蜘蛛香。白芨面。

各等分，生蜜捣成剂，或作饼用。

春宵百媚香

母丁香（二两，极大者）。白笃耨（八钱）。詹糖香（八钱）。龙脑（二钱）。麝香（一钱五分）。榄油（三钱）。甲香（制过，一钱五分）。广排草须（一两）。花露（一两）。茴香（制过，一钱五分）。梨汁。玫瑰花（五钱，去蒂取瓣）。干木香花（五钱，收紫心者用花瓣）。

各香制过为末，脑、麝另研，苏合油入炼过蜜少许，同花露调和得法，捣数百下，用不津器封口固，入土窖。春秋十日，夏五日，冬十五日取出，玉片隔火焚之，旖旎非常。

亚四和香

黑笃耨。白芸香。榄油。金颜香。

右四香体皆黏湿合宜，作剂重汤融化，结块分焚之。

三胜香

龙鳞香（梨汁浸隔宿，微火隔汤煮，阴干）。柏子（酒浸，制同上）。荔枝壳（蜜水浸，制同上）。

制法如常。

逗情香

牡丹。玫瑰。素馨。茉莉。莲花。辛夷。桂花。木香。梅花。兰花。

采十种花俱阴干，去心蒂用花瓣，惟辛夷用蕊尖。共为末，用真苏合油调和作剂焚之，与诸香有异。

远湿香

苍术（十两，茅山出者佳）。龙鳞香（四两）。芸香（一两，白净者佳）。藿香（净末四两）。金颜香（四两）。柏子（净末八两）。

各为末，酒调白芨末为糊，或脱饼，或作长条。此香燥烈，宜梅雨溽湿时焚之妙。

法和众妙香（四）

黄太史四香

意和

沉檀为主，每沉一两半，檀一两，斫小博骰体，取榠楂液渍之，液过指许，浸三日。及煮泣其液，湿水浴之。紫檀为屑，取小龙茗末一钱，沃汤和之，渍碎时包以濡竹纸数重炰之。螺甲半弱磨去齟齬，以胡麻熬之，色正黄，则以蜜汤遽洗无膏气，乃以青木香为末，以意和四物，稍入婆律膏及麝二物，惟少以枣肉合之，作模如龙涎香样，日熏之。

意可

海南沉水香三两，得火不作柴柱烟气者。麝香檀一两，切焙，衡山亦有之，宛不及海南来者。木香四钱，极新者不焙。玄参半两，剉炒炙。甘草末二钱，焰硝末一钱，甲香一分，浮油煎令黄色，以蜜洗去油，复以汤洗去蜜，如前治法为末。入婆律膏及麝各三钱（另研，香成旋入）。右皆末之，用白蜜六两熬去沫，取五两和香末，匀置瓷盒，窨如常法。

山谷道人得之于东溪老，东溪老得之于历阳公，其方初不知得之所自。始名宜爱，或云此江南宫中香，有美人曰宜娘甚爱此香，故名宜爱。不知其在中主后主时耶？香殊不凡，故易名"意可"，使众不业力无度量之意。鼻孔绕二十五有，求觅增上，必以此香为可。何况酒款玄参，茗熬紫檀，鼻端以濡然乎？且是得无主意者观，此香莫处处穿透，亦必为可耳。

深静

海南沉水香二两，羊胫炭四两，沉水剉如小博骰，入白蜜五两，水解其胶，重汤慢火煮半日，浴以温水，同炭杵捣为末，马尾罗筛下之，以煮蜜为剂，窨四十九日出之。婆律膏三钱，麝一钱，以安息香一分，和作饼子，以瓷盒贮之。

荆州欧阳元老为予制此香，而以一斤许赠别。元老者，其从师也能受

中国历代香方

123

匠石之斤，其为吏也不到庖丁之刃，天下可人也。此香恬澹寂寞，非其所尚，时下帷一炷，如见其人。

小宗香

海南沉水一两，剉。栈香半两，剉。紫檀二两，半生，半用银石器炒令紫色。三物俱令如锯屑。苏合油二钱，制甲香一钱，末之。麝一钱半，研。玄参五分，末之。鹅梨二枚，取汁。青枣二十枚、水二碗，煮取小半盏，用梨汁浸沉、檀、栈，煮一伏时，缓火煮令干，和入四物，炼蜜令少冷，搜和得所，入瓷盒埋窨一月用。

南阳宗少文嘉，遁江湖之间，援琴作金石弄，远山皆与之同响，其文献足以追配古人。孙茂深亦有祖风，当时贵人欲与之游，不可得，乃使陆探微画其像挂壁间观之。茂深惟喜闭阁焚香，遂作此香馈。时谓少文大宗，茂深小宗，故名小宗香云。大宗、小宗，《南史》有传。

蓝成叔知府韵胜香（售）

沉香（一钱）。檀香（一钱）。白梅肉（半钱，焙干）。丁香（半钱）。木香（一字）。朴硝（半两，另研）。麝香（一钱）。

右为细末，与别研二味，入乳钵拌匀，密器收。每用薄银叶如龙涎法烧，少歇即是硝融。隔火器以水匀浇之，即复气通氤氲矣。乃郑康道御带传于蓝。蓝尝括为歌曰："沉檀为末各一钱，丁皮梅肉减其半。拣丁五粒木一字，半两朴硝柏麝拌。"此香韵胜以为名。银叶烧之火宜缓。苏韬光云："每五料用丁皮、梅肉三钱，麝香半钱重，余皆同。"且云以水滴之，一炷可留三日。

元御带清观香

沉香（四两，末）。金颜香（二钱半，另研）。石芝（二钱半）。檀香（二钱半，末）。龙脑（二钱）。麝香（一钱半）。

右用井花水和匀，挞石挞细。脱花爇之。

脱俗香（武）

香附子（半两，蜜浸三日，慢焙干）。枇皮（一两，焙干）。零陵香

（半两，酒浸一宿，慢焙干）。楝花（一两，晒干）。棂楂核（一两）。荔枝壳（一两）。右并精细拣择为末，加龙脑少许，炼蜜拌匀，入瓷盒封窨十余日，旋取烧之。

文英香

甘松、藿香、茅香、白芷、麝檀香、零陵香、丁香皮、玄参、降真香（以上各二两）。白檀（半两）。右为末，炼蜜半斤，少入朴硝，和香焚之。

心清香

沉、檀（各一大拇指）。丁香母（一分）。丁香皮（三分）。樟脑（一两）。麝香（少许）。无缝炭（四两）。右同为末，拌匀，重汤煮蜜去浮泡，和剂，瓷器中窨。

琼心香

栈香（半两）。丁香（三十枚）。檀香（一分，腊茶清浸煮）。麝香（五分）。黄丹（一分）。右为末，炼蜜和匀，作膏焚之。

太真香

沉香（一两）。栈香（二两）。龙脑（一钱）。麝香（一钱）。白檀（一两，细剉，白蜜半盏相和蒸干）。甲香（一两）。

右为细末，和匀，重汤煮蜜为膏，作饼子，窨一月焚之。

大洞真香

乳香（一两）。白檀（一两）。栈香（一两）。丁皮（一两）。沉香（一两）。甘松（半两）。零陵香（二两）。藿香叶（二两）。

右为末，炼蜜和膏爇之。

天真香

沉香（三两，剉）。丁香（一两，新好者）。麝檀（一两，剉炒）。玄参（半两，洗切微焙）。生龙脑（半两，另研）。麝香（三钱，另研）。甘草末（二钱，另研）。焰硝（少许）。甲香（一钱，制）。

右为末，与腊麝和匀，白蜜六两炼去泡沫，入焰硝及香末，丸如鸡头大，爇之。熏衣最妙。

玉蕊香（一　一名百花新香）

白檀香（一两）。丁香（一两）。栈香（一两）。玄参（二两）。黄
熟香（二两）。甘松（半两，净）。麝香（三分）。

右炼蜜为膏，和窨如常法。

玉蕊香（二）

玄参（半两，银器煮干，再炒令微烟出）。甘松（四两）。白檀（二
钱，剉）。

右为末，真麝香、乳香二钱研，入炼蜜，丸如芡子大。

玉蕊香（三）

白檀香（四钱）。丁香皮（八钱）。韶脑（四钱）。安息香（一
钱）。桐木麸炭（四钱）。脑、麝（少许）。

右为末，蜜剂和，油纸裹瓷盒贮之，窨半月。

庐陵香

紫檀（七十二铢，即三两，屑之，熬一两半）。栈香（十二铢，即半
两）。甲香（二铢半，即一钱，制）。苏合油（五铢，即二钱二分，无亦
可）。麝香（三铢，即一钱一字）。沉香（六铢，一分）。玄参（一铢半，
即半钱）。

右用沙梨十枚，切片研绞取汁，青州枣二十枚、水二碗熬浓，浸紫檀
一夕，微火煮泣，入炼蜜及焰硝各半两，与诸药研和，窨一月爇之。

康漕紫瑞香

白檀（一两，为末）。羊胫骨炭（半秤，捣罗）。

右用九两，瓷器重汤煮热，先将炭煤与蜜搜和匀，次入檀末，更用麝
半钱或一钱别器研细，以好酒化开，洒入前件香剂，入瓷罐封窨一月，取爇
之。久窨尤佳。

灵犀香

鸡舌香（八钱）。甘松（三钱）。零陵香（一两半）。藿香（一两

126

半）。

右为末，炼蜜和剂，窖烧如常法。

仙茣香

甘菊蕊（一两）。檀香（一两）。零陵香（一两）。白芷（一两）。脑、麝（各少许，乳钵研）。

右为末，以梨汁和剂，捻作饼子，曝干。

降仙香

檀香末（四两，蜜少许和为膏）。玄参（二两）。甘松（二两）。川零陵香（一两）。麝香（少许）。

右为末，以檀香膏子和之，如常法爇。

可人香

歌曰："丁香沉檀各两半，脑麝三钱中半良。二两乌香杉炭是，蜜丸爇处可人香。"

禁中非烟香（一）

歌曰："脑麝沉檀俱半两，丁香一分重三钱。蜜和细捣为圆饼，得自宣和禁闼传。"

禁中非烟香（二）

沉香（半两）。白檀（四两，劈作十块，胯茶清浸少时）。丁香（二两）。降真香（三两）。郁金（二两）。甲香（三两，制）。

右细末，入麝少许，以白芨末滴水和捻饼子，窖爇之。

复古东阁云头香（售）

真腊沉香（十两）。金颜香（三两）。拂手香（三两）。番栀子（一两）。梅花片脑（二两半）。龙涎（二两）。麝香（二两）。石芝（一两）。制甲香（半两）。

右为细末，蔷薇水和匀，用石挞之，脱花。如常法爇之。如无蔷薇水，以淡水和之亦可。

崔贤妃瑶英胜

沉香（四两）。拂手香（半两）。麝香（半两）。金颜香（三两半）。石芝（半两）。

右为细末同和，挞作饼子，排银盆或盘内，盛夏烈日晒干，以新软刷子出其光，贮于锡盆内，如常爇之。

元若虚总管瑶英胜

龙涎（一两）。大食栀子（二两）。沉香（十两，上等者）。梅花龙脑（七钱，雪白者）。麝香当门子（半两）。

右先将沉香细剉，挞令极细，方用蔷薇水浸一宿。次日再上挞三五次，别用石挞一次，龙脑等四味极细，方与沉香相合和匀，再上石挞一次。如水脉稍多，用纸椮令干湿得所。

韩铃辖正德香

上等沉香（十两，末）。梅花片脑（一两）。番栀子（一两）。龙涎（半两）。石芝（半两）。金颜香（半两）。麝香肉（半两）。

右用蔷薇水和匀，令干湿得中，上挞石细挞，脱花子爇之。或作数珠佩带。

滁州公库天花香

玄参（四两）。甘松（二两）。檀香（一两）。麝香（五分）。

右除麝香别研外，余三味细剉如米粒许，白蜜六两拌匀，贮瓷罐内，久窨乃佳。

玉春新料香（补）

沉香（五两）。栈香（二两半）。紫檀香（二两半）。米脑（一两）。梅花脑（二钱半）。麝香（七钱半）。木香（一钱半）。金颜香（一两半）。丁香（一钱半）。石脂（半两，好者）。白芨（二两半）。胯茶（新者，一胯半）。

右为细末，次入脑、麝研皂儿仁半斤浓煎，膏硬，和杵千百下，脱花阴干刷光，瓷器收贮，如常法爇之。

128

辛押陀罗亚悉香（沈）

沉香（五两）。兜娄香（五两）。檀香（三两）。甲香（三两，制）。丁香（半两）。大石荸（半两）。降真香（半两）。安息香（三钱）。米脑（二钱，白者）。麝香（二钱）。鉴临（二钱，另研，详或异名）。

右为细末，以蔷薇水、苏合油和剂，作丸或饼爇之。

瑞龙香

沉香（一两）。占城麝檀（三钱）。占城沉香（三钱）。迦阑木（二钱）。龙涎（一钱）。龙脑（二钱，金脚者）。檀香（半钱）。笃耨香（半钱）。大食水（五滴）。蔷薇水（不拘多少）。大食栀子花（一钱）。

右为极细末，拌和令匀，于净石上挞如泥，入模脱。

华盖香

龙脑（一钱）。麝香（一钱）。香附子（半两，去毛）。白芷（半两）。甘松（半两）。松纳（一两）。零陵叶（半两）。草豆蔻（一两）。茅香（半两）。檀香（半两）。沉香（半两）。酸枣肉（以肥红小者，湿生者尤妙，用水熬成膏汁）。

右件为细末，炼蜜与枣膏搜和令匀，木臼捣之，以不粘为度，丸如鸡头实烧之。

宝林香

黄熟香、白檀香、栈香、甘松、藿香叶、零陵香叶、荷叶、紫背浮萍（以上各一两）。茅香（半斤，去毛酒浸，以蜜拌炒令黄）。

右件为细末，炼蜜和匀，丸如皂子大，无风处烧之。

巡筵香

龙脑（一钱）。乳香（半钱）。荷叶（半两）。浮萍（半两）。旱莲（半两）。瓦松（半两）。水衣（半两）。松纳（半两）。

右为细末，炼蜜和匀，丸如弹子大，慢火烧之。从主人起以净水一盏，引烟入水盏内，巡筵旋转，香烟接了。去水盏，其香终而方断。

已上三方，亦名三宝殊熏。

宝金香

沉香（一两）。檀香（一两）。乳香（一钱，另研）。紫矿（二钱）。金颜香（一钱，另研）。安息香（一钱，另研）。甲香（一钱）。麝香（二钱，另研）。石芝（二钱）。川芎（一钱）。木香（一钱）。白豆蔻（二钱）。龙脑（二钱）。

右为细末拌匀，炼蜜作剂，捻饼子，金箔为衣。

云盖香

叶艾、艾纳、荷叶、扁柏叶（各等分）。右俱烧存性为末，炼蜜作别香剂，用如常法。

凝合花香

梅花香（一）

丁香（一两）。藿香（一两）。甘松（一两）。檀香（一两）。丁皮（半两）。牡丹皮（半两）。零陵香（二两）。辛夷（半两）。龙脑（一钱）。

右为末，用如常法，尤宜佩带。

梅花香（二）

甘松（一两）。零陵香（一两）。檀香（半两）。茴香（半两）。丁香（一百枚）。龙脑（少许，另研）。

右为细末，炼蜜合和，干湿皆可焚。

梅花香（三）

丁香枝杖（一两）。零陵香（一两）。白茅香（一两）。甘松（一两）。白檀（一两）。白梅末（二钱）。杏仁（十五个）。丁香（三钱）。

白蜜（半斤）。

右为细末，炼蜜作剂，窖七日烧之。

梅花香（武）

沉香（五钱）。檀香（五钱）。丁香（五钱）。丁香皮（五钱）。麝香（少许）。龙脑（少许）。

右除脑、麝二味，乳钵细研，入杉木炭煤二两，共香和匀，炼白蜜杵匀捻饼，入无渗瓷瓶，窖久以玉片衬烧之。

梅花香（沈）

玄参（四两）。甘松（四两）。麝香（少许）。甲香（三钱，先以泥浆慢煮，次用蜜制）。

右为细末，炼蜜丸，如常法爇之。

寿阳公主梅花香（沈）

甘松（半两）。白芷（半两）。牡丹皮（半两）。藁本（半两）。茴香（一两）。丁皮（一两，不见火）。檀香（一两）。降真香（二钱）。白梅（一百枚）。

右除丁皮，余皆焙干为粗末，瓷器窖月余，如常爇。

李王帐中梅花香（补）

丁香（一两，新好者）。沉香（一两）。紫檀香（半两）。甘松（半两）。零陵香（半两）。龙脑（四钱）。麝香（四钱）。杉松麸炭末（一两）。制甲香（三分）。

右为细末，炼蜜放冷和丸，窖半月爇之。

梅英香（一）

拣丁香（三钱）。白梅末（三钱）。零陵香叶（二钱）。木香（一钱）。甘松（五分）。

右为细末，炼蜜作剂。窖烧之。

梅英香（二）

沉香（三两，剉末）。丁香（四两）。龙脑（七钱，另研）。苏合油

（二钱）。甲香（二钱，制）。硝石末（一钱）。

右细末，入乌香末一钱，炼蜜和匀，丸如芡实大，焚之。

梅蕊香

檀香（一两半，建茶浸三日，银器中炒令紫色，碎者旋取之）。栈香（三钱半，剉细末，入蜜一盏、酒半盏，以沙盒盛蒸，取出炒干）。甲香（半两，浆水泥一块同浸，三日取出，再以浆水一碗煮干，更以酒一碗煮。于银器内炒黄色）。玄参（切片，入焰硝一钱、蜜一盏、酒一盏煮干为度，炒令脆不犯铁器）。龙脑（二钱，另研）。麝香当门子（二字，另研）。

右为细末，先以甘草半两搥碎，沸汤一斤浸，候冷取出甘草不用。白蜜半斤煎，拨去浮蜡，与甘草汤同煮，放冷，入香末，次入脑、麝及杉树油节炭二两，和匀捻作饼子，贮瓷器内窨一月。

梅蕊香（武　又名一枝梅）

歌曰："沉香一分丁香半，烨炭筛罗五两灰。炼蜜丸烧加脑麝，东风吹绽一枝梅。"

韩魏公浓梅香（洪谱又名返魂香）

黑角沉（半两）。丁香（一钱）。腊茶末（一钱）。郁金（五分，小者，麦麸炒赤色）。麝香（一字）。定粉（一米粒，即韶粉）。白蜜（一盏）。

右各为末，麝先细研，取腊茶之半汤点，澄清调麝，次入沉香，次入丁香，次入郁金，次入余茶及定粉，共研细，乃入蜜令稀稠得所，收砂瓶器中，窨月余取烧，久则益佳。烧时以云母石或银叶衬之。

黄太史跋云："余与洪上座，同宿潭之碧厢门外舟。冲岳花光仲仁寄墨梅二幅，扣舟而至，聚观于下。予曰：'只欠香耳。'洪笑发囊，取一炷焚之，如嫩寒清晓行寒山篱落间。怪而问其所得，云东坡得于韩忠献家。知予有香癖，而不相授，岂小谴其后？驹父集古今香方，自谓无以过此。予以其名未显，易之云。"

《香谱补遗》所载与前稍异，今并录之。

腊沉（一两）。龙脑（五分）。麝香（五分）。定粉（二钱）。郁金（五钱）。腊茶末（二钱）。鹅梨（二枚）。白蜜（二两）。

右先将梨去皮，姜擦梨上捣碎，旋扭汁与蜜同熬，过在一净盏内，调定粉、腊茶、郁金香末，次入沉香、龙脑、麝香，和为一块，油纸裹，入瓷盒内，地窨半月取出。如欲遗人，圆如芡实，金箔为衣，十圆作贴。

笑梅香（一）

榅桲（二个）。檀香（五钱）。沉香（三钱）。金颜香（四钱）。麝香（一钱）。

右将榅桲割破顶子，以小刀剔去穰并子，将沉香、檀香为极细末入于内，将原割下顶子盖着，以麻缕缚定，用生面一块裹榅桲在内，慢灰火烧，黄熟为度。去面不用，取榅桲研为膏，别将麝香、金颜香研极细，入膏内相和研匀，雕花印脱，阴干烧之。

笑梅香（二）

沉香（一两）。乌梅（一两）。芎䓖（一两）。甘松（一两）。檀香（五钱）。

右为末，入脑、麝少许，蜜和，瓷盒内窨，旋取烧之。

笑梅香（三）

栈香（二钱）。丁香（二钱）。甘松（二钱）。零陵香（二钱，共为粗末）。朴硝（一两）。脑、麝（各五分）。

右研匀，次脑、麝、朴硝，生蜜搜和，瓷盒封窨半月。

笑梅香（武一）

丁香（百粒）。茴香（一两）。檀香（五钱）。甘松（五钱）。零陵香（五钱）。麝香（五分）。

右为细末，蜜和成块，分爇之。

笑梅香（武二）

沉香（一两）。檀香（一两）。白梅肉（一两）。丁香（八钱）。木香（七钱）。牙硝（五钱，研）。丁香皮（二钱，去粗皮）。麝香（少

133

许）。白芨末。

右为细末，白芨煮糊和匀，入范子印花，阴干烧之。

肖梅韵香（补）

韶脑（四两）。丁香皮（四两）。白檀（五钱）。桐灰（六两）。麝香（一钱）。别一方加沉香一两。

右先捣丁香、檀、灰为末，次入脑、麝，热蜜拌匀，杵三五百下，封窨半月，取爇之。

胜梅香

歌曰："丁香一两真檀半（降真、白檀），松炭筛罗一两灰。熟蜜和匀入龙脑，东风吹绽岭头梅。"

鄙梅香（武）

沉香（一两）。丁香（二钱）。檀香（二钱）。麝香（五分）。浮萍草。

右为末，以浮萍草取汁，加少许蜜，捻饼烧之。

梅林香

沉香（一两）。檀香（一两）。丁香枝杖（三两）。樟脑（三两）。麝香（一钱）。

右脑、麝另器细研，将三味怀干为末，用煅过硬炭末、香末和匀，白蜜重汤煮去浮蜡，放冷，旋入臼杵捣数百下，取以银叶衬焚之。

浃梅香（沈）

丁香（百粒）。茴香（一捻）。檀香（二两）。甘松（二两）。零陵香（二两）。脑、麝（各少许）。

右为细末，炼蜜作剂爇之。

肖兰香（一）

麝香（一钱）。乳香（一钱）。麸炭末（一两）。紫檀（五两，白尤妙，到作小片，炼白蜜一斤，加少汤浸一宿取出，银器内炒微烟出）。

右先将麝香乳钵内研细，次用好腊茶一钱，沸汤点，澄清时与麝香同研候匀，与诸香相和匀，入白杵令得所。如干少加浸檀蜜水，拌匀入新器中，以纸封十数重，地坎窨一月爇之。

肖兰香（二）

零陵香（七钱）。藿香（七钱）。甘松（七钱）。白芷（二钱）。木香（二钱）。母丁香（七钱）。官桂（二钱）。玄参（三两）。香附子（二钱）。沉香（二钱）。麝香（少许，另研）。

右炼蜜和匀，捻作饼子烧之。

笑兰香（武）

歌曰："零藿丁檀沉木一，六钱藁本麝差轻。合和时用松花蜜，爇处无烟分外清。"

笑兰香（洪）

白檀香（一两）。丁香（一两）。栈香（一两）。甘松（五钱）。黄熟香（二两）。玄参（一两）。麝香（二钱）。

右除麝香另研外，令六味同捣为末，炼蜜搜拌为膏，爇窨如常法。

李元老笑兰香

拣丁香（味辛者，一钱）。木香（一钱，鸡骨者）。沉香（一钱，刮去软者）。白檀香（一钱，脂腻者）。肉桂（一钱，味辛者）。麝香（五分）。白片脑（五分）。南硼砂（二钱，先研细，次入脑、麝）。回纥香附（一钱，如无以白豆蔻代之，同前六味为末）。

右炼蜜和匀，更入马勃二钱许，搜拌成剂，新油单纸封裹入瓷瓶内。一月取出，旋丸如菀豆状，捻饼以渍酒，名洞庭春。（每酒一瓶，入香一饼化开，笋叶密封。春三日，夏秋一日，冬七日，可饮，其香特美。）

靖老笑兰香（新）

零陵香（七钱半）。藿香（七钱半）。甘松（七钱半）。当归（一条）。豆蔻（一个）。槟榔（一个）。木香（五钱）。丁香（五钱）。香附子（二钱半）。白芷（二钱半）。麝香（少许）。

右为细末，炼蜜搜和，入白杵百下，贮瓷盒地坑埋窨一月，旋作饼爇如常法。

胜肖兰香

沉香（拇指大）。檀香（拇指大）。丁香（二钱）。茴香（五分）。丁香皮（三两）。檀脑（五钱）。麝香（五分）。煤末（五两）。白蜜（半斤）。甲香（二十片，黄泥煮去净洗）。

右为细末，炼蜜和匀，入瓷器内封窨，旋丸烧之。

胜兰香（补）

歌曰："甲香一分煮三番，二两乌沉一两檀。冰麝一钱龙脑半，蜜和清婉胜芳兰。"

秀兰香（武）

歌曰："沉藿零陵俱半两，丁香一分麝三钱。细捣蜜和为饼子。芬芳香自禁中传。"

兰蕊香（补）

栈香（三钱）。檀香（三钱）。乳香（二钱）。丁香（三十枚）。麝香（五分）。

右为末，以蒸鹅梨汁，和作饼子，窨干，烧如常法。

兰远香（补）

沉香（一两）。速香（一两）。黄连（一两）。甘松（一两）。丁香皮（五钱）。紫胜香（五钱）。

右为细末，以苏合油和作饼子，爇之。

木犀香（一）

降真（一两）。檀香（一钱，另为末作缠）。腊茶（半胯，碎）。

右以纱囊盛降真香，置瓷器内，用新净器盛鹅梨汁，浸二宿，及茶候软透，去茶不用，拌檀窨烧。

木犀香（二）

采木犀未开者，以生蜜拌匀，不可蜜多，实捺入瓷器中，地坎埋窨，日久愈奇。取出于乳钵内研拍作饼子，油单纸裹收，逐旋取烧。采花时不得犯手，剪取为妙。

木犀香（三）

日未出时，乘露采取岩桂花含蕊开及三四分者，不拘多少，炼蜜候冷拌和，以温润为度，紧入不津瓷罐中，以蜡纸密封罐口，掘地深三尺，窨一月，银叶衬烧，花大开无香。

木犀香（四）

五更初，以竹箸取岩花未开蕊，不拘多少，先以瓶底入檀香少许，方以花蕊入瓶。候满，花脑子糁花上，皂纱幂瓶口，置空所，日收夜露四五次。少用生熟蜜相拌浇瓶中，蜡纸封窨，烧如法。

木犀香（新）

沉香（半两）。檀香（半两）。茅香（一两）。

右为末，以半开桂花十二两，择去蒂，研成泥，搜作剂，入石臼杵千百下，印出，当风阴干烧之。

吴彦庄木犀香（武）

沉香（半两）。檀香（二钱五分）。丁香（十五粒）。脑子（少许，另研）。金颜香（另研，不用亦可）。麝香（少

许，茶清研）。木犀花（五盏，已开未披者，次入脑、麝同研如泥）。右以少许薄面糊入所研三物中，同前四物和剂，范为小饼，窨干如常法爇之。

智月木犀香（沈）

白檀（一两，腊茶浸炒）。木香、金颜香、黑笃耨香、苏合油、麝香、白芨末（已上各一钱）。右为细末，用皂儿胶鞭和，入臼捣千下，以花脱之，依法窨爇。

桂花香

用桂蕊将放者，捣烂去汁，加冬青子，亦捣烂去汁。存查和桂花合一处作剂，当风处阴干，用玉版蒸，俨是桂香，其有幽致。

桂枝香

沉香、降真香（等分）。右劈碎，以水浸香上一指，蒸干为末，蜜剂烧之。

杏花香（一）

附子沉、紫檀香、栈香、降真香（已上各一两）。甲香、薰陆香、笃耨香、塌乳香（已上各五钱）。丁香（二钱）。木香（二钱）。麝香（五分）。梅花脑（三分）。

右捣为末，用蔷薇水拌匀和作饼子，以琉璃瓶贮之，地窖一月蒸之，有杏花韵度。

杏花香（二）

甘松（五钱）。芎䓖（五钱）。麝香（二分）。右为末，炼蜜丸如弹子大，置炉中，旖旎可爱，每迎风烧之尤妙。

吴顾道侍郎杏花香

白檀香（五两，细剉，以蜜二两热汤化开，浸香三宿，取出于银器内裛紫色，入杉木炭内炒，同捣为末）。麝香（一钱，另研）。腊茶（一钱，汤点澄清，用稠脚）。

右同拌令匀，以白蜜八两搜和，乳槌杵数百，贮瓷器，仍镕蜡固封，地窖一月，久则愈佳。

百花香（一）

甘松（一两）。沉香（一两，腊茶同煮半日）。栈香（一两）。丁香（一两，腊茶煮半日）。玄参（一两，洗净槌碎炒焦）。麝香（一钱）。檀香（五钱，剉碎，鹅梨二个取汁，浸银器内蒸）。龙脑（五分）。砂仁（一钱）。肉豆蔻（一钱）。

右为细末，罗匀，以生蜜搜和，捣百余杵，捻作饼子，入瓷盒封窖，如常法蒸之。

百花香（二）

歌曰："三两甘松（别本作一两）一两芎（别本作半两），麝香少许蜜和同。丸如弹子炉中爇，一似百花迎晓风。"

野花香（一）

栈香（一两）。檀香（一两）。降真（一两）。舶上丁皮（五钱）。龙脑（五分）。麝香（半字）。炭末（五钱）。

右为末，入炭末拌匀，以炼蜜和剂，捻作饼子，地窖烧之。如要烟聚，入制过甲香一字。

野花香（二）

栈香（三两）。檀香（三两）。降真香（三两）。丁香（一两）。韶脑（二钱）。麝香（一字）。

右除脑、麝另研外，余捣罗为末，入脑、麝拌匀，杉木炭三两烧存性为末，炼蜜和剂，入白杵三五百下，瓷罐内收贮，旋取分烧之。

野花香（三）

大黄（一两）。丁香、沉香、玄参、白檀（已上各五钱）。

右为末，用梨汁和作饼子烧之。

野花香（武）

沉香、檀香、丁香、丁香皮、紫藤香（已上各五钱）。麝香（二钱）。樟脑（少许）。杉木炭（八两，研）。

右蜜一斤，重汤炼过，先研脑、麝和匀入香，搜蜜作剂，杵数百，入瓷器内地窖，旋取捻饼烧之。

后庭花香

白檀（一两）。栈香（一两）。枫乳香（一两）。龙脑（二钱）。

右为末，以白芨作糊和印花饼，窖干如常法。

荔枝香（沈）

沉香、檀香、白豆蔻仁、西香附子、金颜香、肉桂（已上各一两）。马牙硝（五钱）。龙脑（五分）。麝香（五分）。白芨（二钱）。新荔枝皮（二钱）。

右先将金颜香于乳钵内细研，次入脑、麝、牙硝，另研诸香为末，入金颜香研匀，滴水和作饼，窖干烧之。

洪驹父荔枝香（武）

荔枝壳（不拘多少）。麝皮（一个）。

右以酒同浸二宿，酒高二指，封盖饭甑上蒸之，酒干为度。日中燥之为末，每一两重加麝香一字，炼蜜和剂作饼，烧如常法。

柏子香

柏子实不计多少，带青色，未开破者。

右以沸汤焯过，酒浸蜜封，七日取出，阴干烧之。

酴醿香

歌曰："三两玄参二两松，一枝楂子蜜和同。少加真麝并龙脑，一架酴醿落晚风。"

黄亚夫野梅香（武）

降真香（四两）。腊茶（一胯）。

右以茶为末，入井花水一碗与香同煮，水干为度，筛去腊茶，碾真香为细末，加龙脑半钱和匀，白蜜炼熟搜剂，作圆如鸡头实，或散烧之。

江梅香

零陵香、藿香、丁香（怀干）、茴香、龙脑（已上各半两）。麝香（少许，钵内研，以建茶汤和洗之）。

右为末，炼蜜和匀，捻饼子，以银叶衬烧之。

江梅香（补）

歌曰："百粒丁香一撮茴，麝香少许可斟裁。更加五味零陵叶，百斛浓香江上梅。"

蜡梅香（武）

沉香（三钱）。檀香（三钱）。丁香（六钱）。龙脑（半钱）。麝香（一字）。

右为细末，生蜜和剂爇之。

雪中春信

檀香（半两）。栈香（一两二钱）。丁香皮（一两二钱）。樟脑（一两二钱）。麝香（一钱）。杉木炭（二两）。

右为末，炼蜜和匀，焚窨如常法。

雪中春信（沈）

沉香（一两）。白檀（半两）。丁香（半两）。木香（半两）。甘松（七钱半）。藿香（七钱半）。零陵香（七钱半）。白芷（二钱）。回鹘香附子（二钱）。当归（二钱）。麝香（二钱）。官桂（二钱）。槟榔（一枚）。豆蔻（一枚）。

右为末，炼蜜和饼，如棋子大，或脱花样，烧如常法。

雪中春信（武）

香附子（四两）。郁金（二两）。檀香（一两，建茶煮）。麝香（少许）。樟脑（一钱，石灰制）。羊胫灰（四两）。

右为末，炼蜜和匀，焚窨如常法。

春消息（一）

丁香（半两）。零陵香（半两）。甘松（半两）。茴香（二分）。麝香（一分）。

右为末，蜜和得所，以瓷盒贮之，地穴内窨半月。

春消息（二）

甘松（一两）。零陵香（半两）。檀香（半两）。丁香（十颗）。茴香（一撮）。脑、麝（少许）。

和窨如常法。

雪中春泛（东平李子新方）

脑子（二分）。麝香（半钱）。白檀（二两）。乳香（七钱）。沉香（三钱）。寒水石（三两烧）。

右件为极细末，炼蜜并鹅梨汁和匀为饼，脱湿置寒水石末中，瓷瓶内收贮。

胜茉莉香

沉香（一两）。金颜香（研细）、檀香（各二钱）。大丁香（十粒，研细末）。脑、麝（各一钱）。

右麝用冷腊茶清三四滴研细，续入脑子同研，木犀花方开未离披者三大盏去蒂，于净器中研烂如泥，入前作六味，再研匀拌成饼子，或用模子脱成花样，密入器中窖一月。

蘑菇香

雪白芸香，以酒煮，入玄参、桂末、丁皮四味，和匀焚之。

雪兰香

歌曰："十两栈香一两檀，枫香两半各秤盘。更加一两玄参末，硝蜜同和号雪兰。"

熏佩之香

笃耨佩香（武）

沉香末（一斤）。金颜香末（十两）。大食栀子花（一两）。龙涎（一两）。龙脑（五钱）。

右为细末，蔷薇水细细和之得所，臼杵极细，脱范子。

梅蕊香

丁香（半两）。甘松（半两）。藿香叶（半两）。香白芷（半两）。牡丹皮（一钱）。零陵香（一两半）。舶上茴香（五分，微炒）。

同咬咀贮绢袋佩之。

荀令十里香（沈）

丁香（半两强）。檀香（一两）。甘松（一两）。零陵香（一两）。生龙脑（少许）。茴香（五分，略炒）。

右为末，薄纸贴纱囊盛佩之。其茴香生则不香，过炒则焦，气多则药，气太少则不类花香，逐旋斟酌，添使旖旎。

洗衣香（武）

牡丹皮（一两）。甘松（一钱）。

右为末，每洗衣最后泽水，入一钱。

假蔷薇面花香

甘松（一两）。檀香（一两）。零陵香（一两）。藿香叶（半两）。丁香（半两）。黄丹（二分）。白芷（五分）。香墨（一分）。茴香（三分）。脑、麝为衣。

右为细末，以熟蜜和稀稠拌得所，随意脱花。

玉华醒醉香

采牡丹蕊与酴醾花，清酒拌泡润得所，当风阴一宿，杵细捻作饼子，阴干，龙脑为衣，置枕间。

衣香（洪）

零陵香（一斤）。甘松（十两）。檀香（十两）。丁香皮（五两）。辛夷（二两）。茴香（二钱，炒）。右捣粗末，入龙脑少许，贮囊佩之。

蔷薇衣香（武）

茅香（一两）。丁香皮（一两，剉碎，微炒）。零陵香（一两）。白芷（半两）。细辛（半两）。白檀（半两）。茴香（三分，微炒）。

同为粗末，可佩可爇。

牡丹衣香

丁香（一两）。牡丹皮（一两）。甘松（一两，为末）。龙脑（二钱，另研）。麝香（一钱，另研）。右同和以花叶纸贴佩之。

芙蕖衣香（补）

丁香（一两）。檀香（一两）。甘松（一两）。零陵香（半两）。牡丹皮（半两）。茴香（二分，微炒）。

右为末，入麝香少许研匀，薄纸贴之，用新帕子裹着肉，其香如新开莲花。临时更入麝、龙脑各少许更佳。不可火焙，汗浥愈香。

御爱梅花衣香（售）

零陵香叶（四两）。藿香叶（三两）。沉香（一两，剉）。甘松（三两，去土洗净秤）。檀香（二两）。丁香（半两，捣）。米脑（半两，另研）。白梅霜（一两，捣细净秤）。麝香（三钱，另研）。

以上诸香，并须日干不可见火，除脑、麝、梅霜外一处同为粗末，次入脑、麝、梅霜拌匀，入绢袋佩之。

此乃内侍韩宪所传。

梅花衣香（武）

零陵香、甘松、白檀、茴香（已上各五钱）。丁香、木香（各一钱）。

右同为粗末，入龙脑少许，贮囊中。

梅萼衣香（补）

丁香（二钱）。零陵香（一钱）。檀香（一钱）。舶上茴香（五分，微炒）。木香（五分）。甘松（一钱半）。白芷（一钱半）。脑、麝（各少许）。

右同剉，候梅花盛开，晴明无风雨，于黄昏前择未开含蕊者，以红线系定。至清晨日未出时，连梅蒂摘下，将前药同拌阴干，以纸裹，贮纱囊佩之，旖旎可爱。

莲蕊衣香

莲蕊（一钱，干研）。零陵香（半两）。甘松（四钱）。藿香（三钱）。檀香（三钱）。丁香（三钱）。茴香（二分，微炒）。白梅肉（三分）。龙脑（少许）。

右为细末，入龙脑研匀，薄纸贴纱囊贮之。

浓梅衣香

藿香叶（二钱）。早春芽茶（二钱）。丁香（十枚）。茴香（半字）。甘松（三分）。白芷（三分）。零陵香（三分）。

同剉，贮绢袋佩之。

裛衣香（武）

丁香（十两，另研）。郁金（十两）。零陵香（六两）。藿香（四两）。白芷（四两）。苏合油（三两）。甘松（三两）。杜蘅（三两）。麝香（少许）。

右为末，袋盛佩之。

裛衣香（琐碎录）

零陵香（一斤）。丁香（半斤）。苏合油（半斤）。甘松（三两）。郁金（二两）。龙脑（二两）。麝香（半两）。

右并须精好者，若一味恶即损诸香。同捣如麻豆大小，以夹绢袋贮之。

贵人泹汗香（武）

丁香（一两，为粗末）。川椒（六十粒）。

右以二味相和，绢袋盛而佩之，辟绝汗气。

内苑慈心衣香（事林）

藿香（半两）。益智仁（半两）。白芷（半两）。蜘蛛香（半两）。檀香（二钱）。丁香（三钱）。木香（二钱）。

同为粗末，裹置衣笥中。

胜兰衣香

零陵香（二钱）。茅香（二钱）。藿香（二钱）。独活（一钱）。甘松（一钱半）。大黄（一钱）。牡丹皮（半钱）。白芷（半钱）。丁香（半钱）。桂皮（半钱）。

以上先洗净，干再用酒略喷，碗盛蒸少时，入三赖子二钱，豆腐浆水蒸，以盏盖定。

檀香一钱。

右为细末，剉合和匀，入麝香少许。

香囊

零陵香、茅香、藿香、甘松、松子（搥碎）、茴香、三奈子（豆腐蒸）、檀香、木香、白芷、土白芷、桂肉、丁香、丁皮、牡丹皮、沉香（各等分）。麝香（少许）。

右用好酒喷过，日晒令干，以刀切碎，碾为生料，筛罗粗末，瓦坛收顿。

软香（一）

笃耨香（半两）。檀香末（半两）。苏合油（三两）。金颜香（五两，牙子者）。银朱（一两）。麝香（半两）。龙脑（二钱）。

右为细末，用银器或瓷器于沸汤锅釜内顿放，逐旋倾出，苏合油内搅匀，和停为度，取出泻入冷水中，随意作剂。

软香（二）

沉香（十两）。金颜香（二两）。栈香（二两）。丁香（一两）。乳香（半两）。龙脑（五钱）。麝香（六钱）。

右为细末，以苏合油和，纳瓷器内，重汤煮半日，以稀稠得中为度，入臼捣成剂。

软香（三）

金颜香（半斤，极好者，于银器汤煮化，细布扭净汁）。苏合油（四两，绢扭过）。龙脑（一钱，研细）。心红（不计多少，色红为度）。麝香（半钱，研细）。

右先将金颜香搦去水银，石器内化开，次入苏合油，麝香拌匀，续入龙脑、心红，移铫去火，搅匀，取出作团如常法。

软香（四）

黄蜡（半斤，溶成汁，滤净，却以净铜铫内下紫草煎令红，滤去草滓）。金颜香（三两，拣净秤，别研细作一处）。檀香（一两，碾令细却，筛过）。沉香（半两，极细末）。银朱（随意加入，以红为度）。滴乳香（三两，拣明块者，用茅香煎水煮过，令浮成片，如膏，倾冷水中取出，待水干入乳钵研细，如粘钵，则用煅醋淬的赭石二钱入内同研，则不粘矣）。苏合香油（三钱，如临合时，先以生萝卜擦了乳钵，则不粘，如无则以子代之）。生麝香（三钱，净钵内以茶清滴研细却，以其余香拌起一处）。

右以蜡入瓷器大碗内，坐重汤中溶成汁，入苏合油和了，停匀却，入众香，以柳棒频搅极匀，即香成矣。欲软用松子仁三两揉汁于内，虽大雪亦软。

软香（五）

檀香（一两，为末）。沉香（半两）。丁香（三钱）。苏合香油（半两）。

以三种香拌苏合油，如不淬，再加合油。

软香（六）

上等沉香（五两）。金颜香（二两半）。龙脑（一两）。

右为末，入苏合油六两半，用绵滤过，取净油和香，旋旋看稀稠得所，入油，如欲黑色，加百草霜少许。

软香（七）

沉香（三两）。栈香（三两，末）。檀香（三两）。亚息香（半两，末）。梅花龙脑（半两）。甲香（半两，制）。松子仁（半两）。金颜香（一钱）。龙涎（一钱）。笃耨油（随分）。麝香（一钱）。杉木炭（以黑为度）。

右除龙脑、松仁、麝香、耨油外，余皆取极细末，以笃耨油与诸香和匀作剂。

软香（八）

金颜香（三两）。苏合油（三两）。笃耨油（一两二钱）。龙脑（四钱）。麝香（一钱）。

先将金颜香碾为细末，去淬，用苏合油坐熟，入黄蜡一两坐化，逐旋入金颜坐过了，入脑、麝、笃耨油、银朱打和，以软笋箨毛缚收。欲黄入蒲黄，绿入石绿，黑入墨，欲紫入紫草，各量多少加入，以匀为度。

软香（沈）

丁香（一两，加木香少许同炒）。沉香（一两）。白檀（二两）。金颜香（二两）。黄蜡（二两）。三奈子（二两）。心子红（二两，作黑不用）。龙脑（半两，或三钱可）。苏合油（不计多少）。生油（不计多少）。白胶香（半斤，灰水于沙锅内煮，候浮上，掠入凉水搦块，再用皂角水三四碗复煮，以香白为度，秤二两香用）。

右先将蜡于定瓷碗内溶开，次下白胶香，次生油，次苏合搅匀，取碗置地候温，入众香，每一两作一丸，更加乌笃耨一两尤妙。如造黑色者，不用心子红，入香墨二两，烧红为末，和剂如常法。可怀可佩，置扇柄，把握极佳。

软香（武）

沉香（半斤，为细末）。金颜香（二两）。龙脑（一钱，研细）。苏合油（四两）。

右先将沉香末和苏合油，仍入冷水和成团，却搦去水，入金颜香、龙脑，又以水和成团，再搦去水，入臼杵三五千下，时时搦去水，以水尽杵成团有光色为度。如欲硬，加金颜香，如欲软，加苏合油。

宝梵院主软香

沉香（三两）。金颜香（五钱）。龙脑（四钱）。麝香（五钱）。苏合油（二两半）。黄蜡（一两半）。

右细末，苏合油与蜡重汤溶和，捣诸香，入脑子，更杵千下用。

广州吴家软香（新）

金颜香（半斤，研细）。苏合油（二两）。沉香（一两，末）。脑、麝（各一钱，另研）。黄蜡（二钱）。芝麻油（一钱，腊月经年者尤佳）。

右将油蜡同销镕，放微温，和金颜、沉末令匀，次入脑、麝，与合油同搜，仍于净石板上，以木槌击数百下，如常法用之。

翟仁仲运使软香

金颜香（半斤）。苏合油（以拌匀诸香为度）。龙脑（一字）。麝香

148

（一字）。乌梅肉（二钱半，焙干）。

先以金颜、脑、麝、乌梅肉为细末，后以苏合油相和合，临时相度硬软得所。欲红色，加银朱二两半，欲黑色，加皂儿灰三钱存性。

熏衣香

茅香（四两，细剉，酒洗微蒸）。零陵香（半两）。甘松（半两）。白檀（二钱）。丁香（二钱半）。白梅（三个，焙干取末）。

右共为粗末，入米脑少许，薄纸贴佩之。

熏衣香（二）

沉香（四两）。栈香（三两）。檀香（一两半）。龙脑（半两）。牙硝（二钱）。麝香（二钱）。甲香（四钱，灰水浸一宿，次用新水洗过，后以蜜水爁黄）。

右除龙脑、麝香别研外，同为粗末，炼蜜半斤，和匀候冷，入龙脑、麝香。

蜀主熏御衣香（洪）

丁香（一两）。栈香（一两）。沉香（一两）。檀香（一两）。麝香（二钱）。甲香（一两，制）。

右为末，炼蜜放冷温令匀，入窨月余用。

南阳公主熏衣香（事林）

蜘蛛香（一两）。白芷（半两）。零陵香（半两）。砂仁（半两）。丁香（三钱）。麝香（五分）。当归（一钱）。豆蔻（一钱）。

共为末，囊盛佩之。

新料熏衣香

沉香（一两）。栈香（七钱）。檀香（五钱）。牙硝（一钱）。米脑（四钱）。甲香（一钱）。

右先将沉香、栈、檀为粗散，次入麝拌匀，次入甲香、牙硝、银朱一字再拌，炼蜜和匀，上掺脑子，用如常。

千金月令熏衣香

沉香（二两）。丁香皮（二两）。郁金香（二两，细剉）。苏合油（一两）。詹糖香（一两，同苏合香油和作饼子）。小甲香（四两半，以新牛粪汁三升、水三升火煮，三分去二，取出净水淘刮去上肉焙干，又以清酒二升、蜜半合火煮，令酒尽，以物挠，候干，以水淘去蜜，暴干别末）。

右将诸香末和匀，烧熏如常法。

熏衣梅花香

甘松（一两）。木香（一两）。丁香（半两）。舶上茴香（三钱）。龙脑（五钱）。

右拌捣合粗末，如常法烧熏。

熏衣芬积香（和剂）

沉香（二十五两，剉）。栈香（二十两）。藿香（十两）。檀香（二十两，腊茶清炒黄）。零陵香叶（十两）。丁香（十两）。牙硝（十两）。米脑（三两，研）。麝香（一两五钱）。梅花龙脑（一两，研）。杉木麸炭（二十两）。甲香（二十两，炭灰煮，两日洗，以蜜酒同煮令干）。蜜（炼和香）。

右为细末，研脑、麝，用蜜和搜令匀，烧熏如常法。

熏衣衙香

生沉香（六两，剉）。栈香（六两）。生牙硝（六两）。檀香（十二两，腊茶清炒）。生龙脑（二两，研）。麝香（二两，研）。蜜比香（斤两加倍，炼熟）。甲香（一两）。

右为末，研入脑、麝，以蜜搜和令匀，烧熏如常法。

熏衣笑兰香（事林）

"藿零甘芷木茴香，茅赖芎黄和桂心。檀麝牡皮加减用，酒喷日晒绛囊盛。"

零以苏合香油和匀，松茅酒洗，三赖米泔浸大黄，蜜蒸麝香，逐旋添入。熏衣加檀、僵蚕，常带加白梅肉。

涂傅之香

傅身香粉（洪）

英粉（另研）、青木香、麻黄根、附子（炮）、甘松、藿香、零陵香（各等分）。

右件除英粉外，同捣罗为末，以生绢袋盛，浴罢傅身。

和粉香

官粉（十两）。蜜陀僧（一两）。白檀香（一两）。黄连（五钱）。脑、麝（各少许）。蛤粉（五两）。轻粉（二钱）。朱砂（二钱）。金箔（五个）。鹰条（一钱）。

右件为细末，和匀傅面。

十和香粉

官粉（一袋，水飞）。朱砂（三钱）。蛤粉（白熟者水飞）。鹰条（二钱）。蜜陀僧（五钱）。檀香（五钱）。脑、麝（各少许）。紫粉（少许）。寒水石（和脑、麝同研）。

右件各为飞尘，和匀入脑、麝调，色似桃花为度。

利汗红粉香

滑石（一斤，极白，无石者水飞过）。心红（三钱）。轻粉（五钱）。麝香（少许）。

右件同研极细，用之调粉，如肉色为度，涂身体香肌利汗。

香身丸

丁香（一两半）。藿香叶、零陵香、甘松（各三两）。香附子、白芷、当归、桂心、槟榔、益智仁（各一两）。麝香（二钱）。白豆蔻仁（二两）。

右件为细末，炼蜜为剂，杵千下，丸如桐子大。嚼化一丸，便觉口香五日，身香十日，衣香十五日，他人皆闻得香。又治遍身炽气，恶气及口齿气。

拂手香（武）

白檀（三两，滋润者剉末，用蜜三钱化汤，用一盏炒令水干，稍觉涩湿，焙干，杵罗极细）。米脑（五钱，研）。阿胶（一片）。

右将阿胶化汤打糊，入香末搜拌令匀，于木臼中捣三五百，捏作饼子，或脱花窨干，中穿一穴，用彩线悬胸前。

梅真香

零陵香叶（半两）。甘松（半两）。白檀香（半两）。丁香（半两）。白梅末（半两）。脑、麝（各少许）。

右为细末，糁衣傅身皆可用之。

香发木犀香油（事林）

凌晨摘木犀花半开者，拣去茎蒂，令净。高量一斗，取清麻油一斤，轻手拌匀，置瓷罂中，厚以油纸密封罂口，坐于釜内。重汤煮一饷久取出，安顿稳燥处，十日后倾出，以手沏其青液收之，最要封闭紧密，久而愈香。如以油匀入黄蜡为面脂，尤馨香也。

乌发香油（此油洗发后用最妙）

香油（二斤）。柏油（二两，另放）。诃子皮（一两半）。没石子（六个）。五棓子（半两）。真胆矾（一钱）。川百药煎（三两）。酸榴皮（半两）。猪胆（二个，另放）。旱莲台（半两）。

右件为粗末，先将香油熬数沸，然后将药末入油同熬，少时倾油入罐子内，微温，入柏油搅，渐入猪胆又搅，令极冷，入后药。

零陵香、藿香叶、香白芷、甘松（各三钱）。麝香（一钱）。

再搅匀，用厚纸封罐口，每日早、午、晚各搅一次，仍封之。如此十日后，先晚洗发净，次早发干搽之，不待数日，其发黑绀光泽香滑，永不染尘垢，更不须再洗，用之后自见也。黄者转黑。旱莲台诸处有之，科生一二尺高，小花如菊，折断有黑汁，名猢狲头。

又（此油最能黑发）

每香油一斤，枣枝一根，剉碎。新竹片一根，截作小片，不拘多少，用荷叶四两入油同煎，至一半去前物，加百药煎四两，与油再熬。冷定加丁香、排草、檀香、辟尘茄，每净油一斤，大约入香料两余。

合香泽法

清酒浸香（夏用令酒冷，春秋酒令暖，冬则小热）。鸡舌香（俗人以其似丁子，故为丁子香也）、藿香、苜蓿、兰香凡四种，以新绵裹而浸之（夏一宿，春秋二宿，冬三宿）。用胡麻油两分，猪胆一分内铜铛中，即以浸香酒和之，煎数沸后，便缓火微煎，然后下所浸香煎，缓火至暮，水尽沸定乃熟（以火头内浸中作声者水未尽，有烟出无声者水尽也）。泽欲熟时，下少许青蒿以发色，绵幂铛嘴，瓶口泻。（贾思勰《齐民要术》）

香泽者，人发恒枯瘁，此以濡泽之也。唇脂以丹作之，象唇赤也。（《释名》）

香粉

法惟多着丁香于粉盒中，自然芬馥。（同上）

面脂香

牛髓（牛髓少者，用牛脂和之，若无髓，只用脂亦得）。温酒浸丁香、藿香二种（浸法如煎泽法）。煎法一同合泽，亦着青蒿以发色，绵滤，着瓷、漆盏中令凝。若作唇脂者，以熟朱调和青油裹之。（同上）

八白香（金章宗宫中洗面散）

白丁香、白僵蚕、白附子、白牵牛、白茯苓、白蒺藜、白芷、白芨。

右等分，入皂角去皮弦，共为末，绿豆粉半之，日用面如玉矣。

金主绿云香

沉香、蔓荆子、白芷、南没石子、踯躅花、生地黄、苓苓香、附子、防风、覆盆子、诃子肉、莲子草、芒硝、丁皮。

右件各等分，入卷柏三钱，洗净晒干，各细剉，炒黑色，以绢袋盛入瓷罐内。每用药三钱，以清香油浸药，厚纸封口七日，每遇梳头净手，蘸油摩顶心，令热入发窍。不十日，发黑如漆，黄赤者变黑，秃者生发。

莲香散（金主宫中方）

丁香（三钱）。黄丹（三钱）。枯矾末（一两）。

共为细末，闺阁中以之敷足，久则香入肤骨，虽足纵常经浣濯，香气不散。

金章宗文房精鉴，至用苏合香油点烟制墨，可谓穷幽极胜矣。兹复致力于粉泽香膏，使嫔妃辈云鬟益芳，莲踪增馥。想见当时人尽如花，花尽皆香，风流旖旎，陈主、隋炀后一人也。

印篆诸香

定州公库印香

栈香、檀香、零陵香、藿香、甘松（已上各一两）。大黄（半两）。茅香（半两，蜜水酒浸，炒令黄色）。

右捣罗为末，用如常法。

凡作印篆，须以杏仁末少许拌香，则不起尘，及易出脱，后皆仿此。

和州公库印香

沉香（十两，细剉）。檀香（八两，细剉如棋子）。生结香（八两）。零陵香（四两）。藿香叶（四两，焙干）。甘松（四两，去土）。草茅香（四两，去尘土）。香附（二两，色红者去黑皮）。麻黄（二两，去根细剉）。甘草（二两，粗者细剉）。乳香缠（二两，高头秤）。龙脑（七钱，生者尤妙）。麝香（七钱）。焰硝（半两）。

右除脑、麝、乳、硝四味别研外，余十味皆焙干，捣罗细末，盒子盛之，外以纸包裹，仍常置暖处，旋取烧之，切不可泄气阴湿。此香于帏帐中烧之，悠扬作篆，熏衣亦妙。别一方，与此味数、分两皆同，惟脑、麝、焰、硝各增一倍，草茅香须茅香乃佳。每香一两，仍入制过甲香半钱。本太守冯公由义子宜行所传方也。

旁通香图一						
四合	降真	百花	百和	花蕊	宝篆	清真
文苑 沉一两一分	檀半两	栈一分	甘松一分	玄参二两	丁皮一分	麝三钱
常料	降真半两		檀半两	甘松半两	枫香半两	茅香四两
芬积 檀三钱	栈半两	沉一分	降真半两	麝一分	脑一分	甲香一分
清远	茅香半两	生结三分	脑半钱	沉一分	藿一分	檀半两
衣香 脑一钱	零陵半两	麝一钱	木香半两	檀一分	藿一分	丁香半两
清神	藿半两		麝半钱	脑一钱	栈一两	沉半两
凝香 麝一钱	丁香半两	檀一两半	甲香一钱	结香一钱	甘草一钱	脑一钱

旁通香图二						
四合	凝香	百花	碎琼	云英	宝篆	清真
文苑 沉香二两一钱	檀香半两	栈香一分	甘松一分	玄参一两	丁皮一分	麝香一分
新料	降真半两		檀香半两	甘松半两	白芷半两	茅香四两
笑兰 檀香三钱	栈半两	沉香一分	降真半两	麝香一钱	脑子一钱	甲香半两
清远	茅香半两		生结三分	沉香一分	麝香一分	檀香半两
锦囊 脑子一钱	零陵半两	麝香一钱	木香半两	檀香半两	藿香一分	丁香半钱
醒心 藿香一分	藿香六钱	脑香一钱	栈香一两	沉香半两	脑子一钱	
凝和 麝香一钱	丁香半两	檀香两半	甲香一钱	结香一钱	甘草一分	脑子一钱

百刻印香

栈香（一两）。檀香、沉香、黄熟香、零陵香、藿香、茅香（以上各二两）。土草香（半两，去土）。盆硝（半两）。丁香（半两）。制甲香（七钱半，一本七分半）。龙脑（少许，细研，作篆时旋入）。

右为末，同烧如常法。

资善堂印香

栈香（三两）。黄熟香（一两）。零陵香（一两）。藿香叶（一两）。沉香（一两）。檀香（一两）。白茅香花（一两）。丁香（半两）。甲香（制，三分）。龙脑香（三钱）。麝香（三分）。

右杵罗细末，用新瓦罐子盛之。昔张全真参政传，张瑞远丞相甚爱此香，每日一盘篆烟不息。

龙麝印香

檀香、沉香、茅香、黄熟香、藿香叶、零陵（已上各十两）。甲香（七两半）。盆硝（二两半）。丁香（五两半）。栈香（三十两，剉）。

右为细末和匀，烧如常法。

又方（沈谱）

夹栈香（半两）。白檀香（半两）。白茅香（二两）。藿香（二钱）。甘松（半两，去土）。甘草（半两）。乳香（半两）。丁香（半两）。麝香（四钱）。甲香（三分）。龙脑（一钱）。沉香（半两）。

右除龙、麝、乳香别研，余皆捣罗细末，拌和令匀，用如常法。

乳檀印香

黄熟香（六斤）。香附子（五两）。丁皮（五两）。藿香（四两）。零陵香（四两）。檀香（四两）。白芷（四两）。枣（半斤，焙）。茅香（二斤）。茴香（二两）。甘松（半斤）。乳香（一两，细研）。生结香（四两）。

右捣罗细末，烧如常法。

供佛印香

栈香（一斤）。甘松（三两）。零陵香（三两）。檀香（一两）。藿香（一两）。白芷（半两）。茅香（五钱）。甘草（三钱）。苍脑（三钱，别研）。

右为细末，烧如常法。

无比印香

零陵香（一两）。甘草（一两）。藿香（一两）。香附子（一两）。茅香（二两，蜜汤浸一宿，不可水多，晒干微炒过）。

右为末，每用先于模擦紫檀末少许，次布香末。

梦觉庵妙高印香（共二十四味，按二十四气，用以供佛）

沉速、黄檀、降香、乳香、木香（已上各四两）。丁香、捡芸香、姜黄、玄参、牡丹皮、丁皮、辛夷、白芷（已上各六两）。大黄、藁本、独活、藿香、茅香、荔枝壳、马蹄香、官桂（已上各八两）。铁面马牙香（一斤）。官粉（一两）。炒硝（一钱）。

右为末，和成入官粉、炒硝印用之。此二味引火，印烧无断灭之患。

水浮印香

紫灰（一升，或纸灰）。黄蜡（两块，荔枝大）。

右同入锅内，炒尽为度，每以香末脱印如常法。将灰于面上摊匀，以裁薄纸依香印大小衬灰覆放敞下，置水盆中，纸自沉去，仍轻手以纸炷点香。

宝篆香（洪）

沉香（一两）。丁香皮（一两）。藿香叶（一两）。夹栈香（二两）。甘松（半两）。零陵香（半两）。甘草（半两）。甲香（半两，制）。紫檀（三两，制）。焰硝（三分）。

右为末和匀，作印时旋加脑、麝各少许。

香篆（新 一名寿香）

乳香。干莲草。降真香。沉香。檀香。青皮（片，烧灰作炷）。贴水荷叶。男孩胎发（一个）。瓦松。木律。麝香（少许）。龙脑（少许）。山枣子。底用云母石。

右十四味为末，以上枣子搽和前药阴干。用烧香时，以玄参末、蜜调箸梢上，引烟写字画人物，皆能不散。欲其散时，以车前子末弹于烟上即散。

又方

歌曰："乳旱降沉檀，藿青贴发山。断松雄律字，脑麝馥空间。"

每用铜箸引香烟成字，或云入针砂等分，以箸梢夹磁石少许，引烟任意作篆。

丁公美香篆

乳香（半两，别本一两）。水蛭（三钱）。郁金（一钱）。壬癸虫（二钱，科斗是）。定风草（半两，即天麻苗）。龙脑（少许）。

右除龙脑、乳香别研外，余皆为末，然后一处和匀，滴水为丸，如梧桐子大。每用先以清水湿过手焚香，烟起时，以湿手按之，任从巧意，手要常湿。

歌曰："乳蛭壬风龙欲煎，兽炉爇处发祥烟。竹轩清夏寂无事，可爱翛然逐昼眠。"

已上碾为细末，用蜜少许拌匀如常法，烧于内，惟宝篆香不用蜜。

旁通二图，一出本谱，一载《居家必用》，互有小异，因两存之。

信灵香（一名三神香）

汉明帝时，真人燕济居三公山石窟中，苦毒蛇猛兽邪魔干犯，遂下山，改居华阴县庵中，栖息三年。忽有三道者投庵借宿，至夜谈三公山石窟之胜，奈有邪侵，内一人云："吾有奇香，能救世人苦难，焚之道得自然玄妙，可升天界。"真人得香，复入山中，坐烧此香，毒蛇猛兽悉皆遁默。忽一日，道者散发背琴，虚空而来，将此香方写于石壁，乘风而去，题名三神香，能开天门地户，通灵达圣，入山可驱猛兽，可免刀兵瘟疫，久旱可降甘霖，渡江可免风波，有火焚烧，无火口嚼，从空喷于起处，龙神护助，静心修合，无不灵验。

沉香、乳香、丁香、白檀香、香附、藿香、甘松（已上各二钱）。远志（一钱）。藁本（三钱）。白芷（三钱）。玄参（二钱）。零陵香、大黄、降真、木香、茅香、白芨、柏香、川芎、三奈（各二钱五分）。

用甲子日攒和，丙子日捣末，戊子日和合，庚子日印饼，壬子日入盒。收起炼蜜为丸，或刻印作饼，寒水石为衣，出入带入葫芦为妙。

又方减四香分两稍异

沉香、白檀香、降真香、乳香（各一钱）。零陵香（八钱）。大黄（二钱）。甘松（一两）。藿香（四钱）。香附子（一钱）。玄参（二钱）。白芷（八钱）。藁本（八钱）。

此香合成，藏净器中。仍用甲子日开，先烧三饼供养天地神祇毕，然后随意焚之。修合时，切忌妇人鸡犬见。

晦斋香谱

五方真气香

东阁藏春香（按东方青气，属木，主春季，宜华筵焚之，有百花气味）

沉速香（二两）。檀香（五钱）。乳香、丁香、甘松（各一钱）。玄参（一两）。麝香（一分）。

右为末，炼蜜和剂，作饼子，用青柏香末为衣焚之。

南极庆寿香（按南方赤气，属火，主夏季，宜寿筵焚之，此是南极真人瑶池庆寿香）

沉香、檀香、乳香、金沙降（各五钱）。安息香、玄参（各一钱）。大黄（五分）。丁香（一字）。官桂（一字）。麝香（三字）。枣肉（三个，煮去皮核）。

右为细末，加上枣肉，以炼蜜和剂托出，用上等黄丹为衣焚之。

西斋雅意香（按西方素气，主秋，宜书斋经阁内焚之，有亲灯火、阅简编、消洒襟怀之趣云）

玄参（酒浸洗，四钱）。檀香（五钱）。大黄（一钱）。丁香（三钱）。甘松（二钱）。麝香（少许）。

右为末，炼蜜和剂，作饼子，以煅过寒水石为衣焚之。

北苑名芳香（按北方黑气，主冬季，宜围炉赏雪焚之，有幽兰之馨）

枫香（二钱半）。玄参（二钱）。檀香（二钱）。乳香（一两五钱）。

右为末，炼蜜和剂，加柳炭末，以黑为度脱出焚之。

四时清味香（按中央黄气，属土，主四季月，宜画堂、书馆、酒榭、花亭，皆可焚之，此香最能解秽）

茴香（一钱半）。丁香（一钱半）。零陵香（五钱）。檀香（五钱）。甘松（一两）。脑、麝（少许，另研）。

右为末，炼蜜和剂，作饼，用煅铅粉黄为衣焚之。

醍醐香

乳香、沉香（各二钱半）。檀香（一两半）。

右为末，入麝少许，炼蜜和剂，作饼焚之。

瑞和香

金沙降、檀香、丁香、茅香、零陵香、乳香（各一两）。藿香（二钱）。

右为末，炼蜜和剂，作饼焚之。

宝炉香

丁香皮、甘草、藿香、樟脑（各一钱）。白芷（五钱）。乳香（二钱）。

右为末，入麝一字，白芨水和剂，作饼焚之。

龙涎香

沉香（五钱）。檀香、广安息香、苏合香（各二钱五分）。

右为末，炼蜜加白芨末和剂，作饼焚之。

翠屏香（宜花馆翠屏间焚之）

沉香（二钱半）。檀香（五钱）。速香（略炒）、苏合香（各七钱五分）。

右为末，炼蜜和剂，作饼焚之。

蝴蝶香（春月花圃中焚之，蝴蝶自至）

檀香、甘松、玄参、大黄（酒浸）、金沙降、乳香（各一两）。苍术（二钱半）。丁香（三钱）右为末，炼蜜和剂，作饼焚之。

金丝香

茅香（一两）。金沙降、檀香、甘松、白芷（各一钱）。

右为末，炼蜜和剂，作饼焚之。

代梅香

沉香、藿香（各一钱半）。丁香（三钱）。樟脑（一分半）。

右为末，生蜜和剂，入麝一分，作饼焚之。

三奇香

檀香、沉速香（各二两）。甘松叶（一两）。

右为末，炼蜜和剂，作饼焚之。

瑶华清露香

沉香（一钱）。檀香（二钱）。速香（二钱）。薰香（二钱半）。

右为末，炼蜜和剂，作饼焚之。

三品清香（已下皆线香）

瑶池清味香

檀香、金沙降、丁香（各七钱半）。沉速香、速香、官桂、藁本、蜘蛛香、羌活（各一两）。三奈、良姜、白芷（各一两半）。甘松、大黄（各二两）。芸香、樟脑（各二钱）。硝（六钱）。麝香（三分）。

右为末，将芸香、脑、麝、硝另研同拌匀，每香末四升，兑柏泥二升，共六升，加白芨末一升，清水和杵匀，造作线香。

玉堂清霭香

沉速香、檀香、丁香、藁本、蜘蛛香、樟脑（各一两）。速香、三奈（各六两）。甘松、白芷、大黄、金沙降、玄参（各四两）。羌活、牡丹皮、官桂（各二两）。良姜（一两）。麝香（三钱）。

右为末，入焰硝七钱，依前方造。

琼林清远香

沉速香、甘松、白芷、良姜、大黄、檀香（各七钱）。丁香、丁皮、三奈、藁本（各五钱）。牡丹皮、羌活（各四钱）。蜘蛛香（二钱）。樟脑、零陵（各一钱）。

右为末，依前方造。

三洞真香

真品清奇香

芸香、白芷、甘松、三奈、藁本（各二两）。降香（三两）。柏苓（一斤）。焰硝（六钱）。麝香（五分）。右为末，依前方造。加兜娄香泥、白芨。

真和柔远香

速香末（二升）。柏泥（四升）。白芨末（一升）。右为末，入麝三字，清水和造。

真全嘉瑞香

罗汉香、芸香（各五钱）。柏铃（三两）。右为末，用柳炭末三升，柏泥、白芨，依前方造。

黑芸香

芸香（五两）。柏泥（二升）。柳炭末（二升）。右为末，入白芨三合，依前方造。

石泉香

枫香（一两半）。罗汉香（三两）。芸香（五钱）。右为末，入硝四钱，用白芨、柏泥造。

紫藤香

降香（四两）。柏铃（三两半）。

右为末，用柏泥、白芨造。

榄脂香

橄榄脂（三两半）。木香（酒浸）、沉香（各五钱）。檀香（一两）。排草（酒浸半日，炒干）、枫香、广安息、香附子（炒去皮，酒浸一日，炒干，各二两半）。麝香（少许）。柳炭（八两）。

右为末，用兜娄、柏泥、白芨，红枣煮去皮核，用肉造。

清秽香（此香能解秽气避恶）

苍术（八两）。速香（十两）。

右为末，用柏泥、白芨造。一方用麝少许。

清镇香（此香能清宅宇辟诸恶秽）

金沙降、安息香、甘松（各六钱）。速香、苍术（各二两）。焰硝（一钱）。右用甲子日合就，碾细末，兑柏泥、白芨造，待干，择黄道日焚之。

墨娥小录香谱

四叶饼子香

荔枝壳。松子壳。梨皮。甘蔗楂。右各等分，为细末，梨汁和丸小鸡头大，捻作饼子，或搓如粗灯草大，阴干烧妙。加降真屑、檀末同碾，尤佳。

造数珠

徘徊花（去汁，秤二十两，烂捣碎）。沉香（一两二钱）。金颜香（半两，细研）。脑子（半钱，另研）。

右和匀，每湿秤一两半，作数珠二十枚，临时大小加减。合时须于淡日中晒，天阴令人着肉干尤妙，盛日中不可晒。

木犀印香

木犀（不以多少研一次，晒干为末，每用五两）。檀香（二两）。赤苍脑末（四钱）。金颜香（三钱）。麝香（一钱半）。

右为末，和匀作印香烧。

赛龙涎饼子

樟脑（一两）。东壁土（三两，捣末）。薄荷（自然汁）。

右将土汁和成剂，日中晒干，再捣汁浸再晒，如此五度，候干研为末，入樟脑末和匀，更用汁和作饼，阴干为度，用香钱隔火焚之。

蔷薇香

茅香（一两）。零陵（一两）。白芷（半两）。细辛（半两）。丁皮（一两，微炒）。白檀（半两）。茴香（一钱）。

右七味为末，可佩可烧。

琼心香

白檀（三两）。梅脑（一钱）。

右为末，面糊作饼子焚之。

驾头香

好栈香（五两）。檀香（一两）。乳香（半两）。甘松（一两）。松纳衣（一两）。麝香（五分）。右为末，用蜜一斤炼和，作饼阴干。

线香

甘松、大黄、柏子、北枣、三奈、藿香、零陵、檀香、土花、金颜香、薰花、荔壳、佛泥降真（各五钱）。栈香（二两）。麝香（少许）。

右如法制造。

又

檀香、藿香、白芷、樟脑、马蹄香、荆皮、牡丹皮、丁皮（各半两）。玄参、零陵、大黄（各一两）。甘松、三赖、辛夷花（各一两半）。芸香、茅香（各二两）。甘菊花（四两）。

右为极细末，又于合香石上挞之，令十分稠密细腻，却依法制造。前件料内入蚯蚓粪，则灰烬拳连不断，若入松树上成窠苔藓如圆钱者，及带柄小莲蓬，则烟直而圆。

熏衣笑兰梅花香

白芷（四两，碎切）。甘松、零陵（一两）。三赖、檀香片、丁皮、丁枝（半两）。望春花（辛夷也）、金丝茅香（三两）。细辛、马蹄香（二钱）。川芎（二块）。麝香（少许）。千斤草（二钱）。栖脑（少许，另研）。

右各咬咀杂和筛下屑末，却以脑、麝、乳极细入屑末和匀，另置锡合中密盖，将上项药随多少作贴后，却撮屑末少许在内，其香不可言也。今市中之所卖者，皆无此二味，所以不妙也。

红绿软香

金颜香牙子（四两）。檀香末（半两）。苏合油（半两）。麝香（五分）。

右和匀，红用板朱，绿用砂绿，约用三钱，以黄蜡镕化和就。古人止有红者，盖用辰砂在内，所以闻其香而食其味，皆可以辟秽氛也。

藏春不下阁香

栈香（二十两，加速香三两）。黄檀并射檀（各五两）。乳香（二钱）。金颜香（二钱）。麝香（一钱）。脑子（一钱）。白芨（二十两）。

右并为末，挞极细，水和印成饼，一个一个摊漆桌上，于有风处阴干，轻轻用手推动，翻置竹筛中阴干。不要揭起，若然则破碎不全。

长春香

川芎、辛夷、大黄、江黄、乳香、檀香、甘松（去土，各半两）。丁皮、丁香、广芸香、三赖（各一两）。千金草（一两）。茅香、玄参、牡丹皮（各二两）。藁本、白芷、独活、马蹄香（去土，各二两）。藿香（一两五钱）。荔枝壳（新者，一两）。

右为末，入白芨末四两作剂，阴干，不可见大日色。

猎香新谱

宣庙御衣攒香

玫瑰花（四钱）。檀香（二两，咀细片，茶叶煮）。木香花（四两）。沉香（二两，咀片，蜜水煮过）。茅香（一两，酒蜜煮，炒黄色）。茴香（五分，炒黄色）。丁香（五钱）。木香（一两）。倭草（四两，去土）。零陵叶（三两，茶卤洗过）。甘松（一两，蜜水蒸过）。藿香叶（五钱）。白芷（五钱，共成咀片）。麝（二钱）。片脑（五分）。苏合油（一两）。榄油（二两）。

共合一处，研细拌匀。（秘传）

御前香

沉香（三两五钱）。片脑（二钱四分）。檀香（一钱）。龙涎（五分）。排草须（二钱）。唵叭（五钱）。麝香（五分）。苏合油（一钱）。榆面（二钱）。花露（四两）。

印饼用。

内甜香

檀香（四两）。沉香（四两）。乳香（二两）。丁香（一两）。木香（一两）。黑香（二两）。郎苔（六钱）。黑速（四两）。片、麝（各三钱）。排草（三两）。合油（五两）。大黄（五钱）。官桂（五钱）。金颜香（二两）。陵叶（二两）。

右入油和匀，加炼蜜和如泥，瓷罐封，一次二分。

内府香衣香牌

檀香（八两）。沉香（四两）。速香（六两）。排香（一两）。倭草（二两）。苓香（三两）。丁香（二两）。木香（三两）。官桂（二两）。桂花（二两）。玫瑰（四两）。麝香（五钱）。片脑（五钱）。合油（四两）。甘松（六两）。榆末（六两）。

右以滚热水和匀，上石碾碾极细，窨干，雕花。如用玄色，加木炭末。

世庙枕顶香

栈香（八两）。檀香、藿香、丁香、沉香、白芷（已上各四两）。锦纹大黄、茅山苍术、桂皮、大附子（极大者，研末）、辽细辛、排草、广零陵香、排草须（已上各二两）。甘松、三奈、金颜香、黑香、辛夷（已上各三两）。龙脑（一两）。麝香（五钱）。龙涎（五钱）。安息香（一两）。茴香（一两）。

共二十四味为末，用白芨糊入血结五钱，杵捣千余下，印枕顶式，阴干制枕。

余屡见枕板香块，自大内出者，旁有"嘉靖某年造"填金字。以之锯开，作扇牌等用甚香。有不甚香者，应料有殊等，上用者香珍，至给宫嫔，平等料耳。

香牌扇

檀香（一斤）。大黄（半斤）。广木香（半斤）。官桂（四两）。甘松（四两）。官粉（一斤）。麝（五钱）。片脑（八钱）。白芨面（一斤）。

印造各式。

玉华香

沉香（四两）。速香（四两，黑色者）。檀香（四两）。乳香（二两）。木香（一两）。丁香（一两）。郎苔（六钱）。唵叭香（三两）。麝香（三钱）。龙脑（三钱）。广排草（三两，出交趾者）。苏合油（五钱）。大黄（五钱）。官桂（五钱）。金颜香（二两）。广零陵（用叶，一两）。

右以香料为末，和入苏合油揉匀，加炼好蜜，再和如湿泥，入瓷瓶锡盖蜡封口固，每用二三分。

庆真香

沉香（一两）。檀香（五钱）。唵叭（一钱）。麝香（二钱）。龙脑（一钱）。金颜香（三钱）。排香（一钱五分）。

用白芨末成糊，脱饼焚之。

万春香

沉香、结香、零陵香、藿香、茅香、甘松（已上各十二两）。甲香、龙脑、麝（各三钱）。檀香（十八两）。三奈（五两）。丁香（三两）。

炼蜜为湿膏，入瓷瓶封固，取焚之。

龙楼香

沉香（一两二钱）。檀香（一两五钱）。片速（二两）。排草（二两）。丁香（五钱）。龙脑（一钱半）。金颜香（二钱）。唵叭（一钱）。郎苔（二钱）。三奈（二钱四分）。官桂（三分）。芸香（三分）。甘麻然（五分）。榄油（五分）。甘松（五分）。藿香（五分）。撒馣兰（五分）。零陵香（一钱）。樟脑（一钱）。降香（五分）。白豆蔻（一钱）。大黄（一钱）。乳香（一钱）。硝（一钱）。榆面（一两二钱）。

散用如印饼，和蜜去榆面。

恭顺寿香饼

檀香（四两）。沉香（二两）。速香（四两）。黄脂（一两）。郎苔（一两）。零陵（二两）。丁香（五钱）。乳香（五钱）。藿香（三钱）。黑香（五钱）。肉桂（五钱）。木香（五钱）。甲香（一两）。苏合（一两五钱）。大黄（二钱）。三奈（一钱）。官桂（一钱）。片脑（一钱）。麝香（一钱五分）。龙涎（一钱五分）。

以白芨随用为末印饼。

瞿仙神隐香

沉香、檀香（各一两）。龙脑、麝香（各一钱）。棋楠香、罗合、榄子、滴乳香（各五钱）。

右味为末，炼蔗浆和为饼，焚用。

西洋片香

黄脂（一两）。龙涎（二钱）。安息（一钱）。黑香（二两）。乳香（二两）。官桂（五钱）。绿芸香（三钱）。丁香（一两）。沉香（二两）。檀香（二两）。酥油（一两）。麝香（一钱）。片脑（五分）。炭末（六两）。花露（一两）。右炼蜜和匀为度，乘热作片印之。

越邻香

檀香（六两）。沉香（四两）。黑香（四两）。丁香（一两五钱）。木香（一两）。黄脂（一两）。乳香（一两）。藿香（二两）。郎苔（二两）。速香（六两）。麝香（五钱）。片脑（一钱）。广零陵（二两）。榄油（一两五钱）。甲香（五钱）。

以白芨汁上竹篾。

芙蓉香

龙脑（三钱）。苏合油（五钱）。撒馤兰（三分）。沉香（一两五钱）。檀香（一两二钱）。片速（三钱）。生结香（一钱）。排草（五钱）。芸香（一钱）。甘麻然（五分）。唵叭（五分）。丁香（一钱）。郎苔（三分）。藿香（三分）。零陵香（三分）。乳香（二分）。三奈（二分）。榄油（二分）。榆面（八钱）。硝（一钱）。

和印或散烧。

黄香饼

沉速香（六两）。檀香（三两）。丁香（一两）。木香（一两）。乳香（二两）。金颜香（一两）。唵叭香（三两）。郎苔（五钱）。苏合油（二两）。麝香（三钱）。龙脑（一钱）。白芨末（八两）。炼蜜（四两）。

和剂印饼用。

黑香饼

用料四十两，加炭末一斤。蜜（四斤）。苏合油（六两）。麝香（一两）。白芨（半斤）。榄油（四斤）。唵叭（四两）。

先炼蜜熟，下榄油化开，又入唵叭，又入料一半，将白芨打成糊入炭末，又料一半，然后入苏合、麝香，揉匀印饼。

撒馣兰香

沉香（三两五钱）。龙脑（二钱四分）。龙涎（五分）。檀香（一钱）。唵叭（五分）。麝香（五分）。撒馣兰（一钱）。排草须（二钱）。苏合油（一钱）。甘麻然（三分）。蔷薇露（四两）。榆面（六钱）。

印作饼烧之，佳甚。

玫瑰香

花（一斤）。

入丸三两磨汁，入绢袋灰干，有香花皆然。

聚仙香

麝香（一两）。苏合油（八两）。丁香（四两）。金颜香（六两，另研）。郎苔（二两）。榄油（一斤）。排草（十二两）。沉香（六两）。速香（六两）。黄檀香（一斤）。乳香（四两，另研）。白芨面（十二两）。蜜（一斤）。

已上作末为骨，先和上竹心子，作第一层。趁湿又滚檀香二斤、排草八两、沉香八两、速香八两为末，作滚第二层成香，纱筛晾干。一名安席香，俗名棒儿香。

沉速棒香

沉香（二斤）。速香（二斤）。唵叭香（三两）。麝香（五钱）。金颜香（四两）。乳香（二两）。苏合油（六两）。檀香（一斤）。白芨末（一斤八两）。炼蜜（一斤八两）。

和成滚棒如前。

黄龙挂香

檀香（六两）。沉香（二两）。速香（六两）。丁香（一两）。黑香（三两）。黄胭（二两）。乳香（一两）。木香（一两）。三奈（五两）。

郎苔（五钱）。麝香（一钱）。苏合（五钱）。片脑（五分）。硝（二钱）。炭末（四两）。

右炼蜜随用，和匀为度，用线在内作成炷香，银丝作钩。

黑龙挂香

檀香（六两）。速香（四两）。黄熟（二两）。丁香（五钱）。黑香（四钱）。乳香（六钱）。芸香（一两）。三奈（三钱）。良姜（一钱）。细辛（一钱）。川芎（二钱）。甘松（一两）。榄油（二两）。硝（二钱）。炭末（四两）。

以蜜随用同前，铜丝作钩。

清道引路香

檀香（六两）。芸香（四两）。速香（二两）。黑香（四两）。大黄（五钱）。甘松（六两）。麝香壳（二个）。飞过樟脑（二钱）。硝（一两）。炭末（四两）。

右炼蜜和匀，以竹作心，形如安席，大如蜡烛。

合香

檀香（六两）。速香（六两）。沉香（二两）。排草（六两）。倭草（三两）。零陵香（四两）。丁香（二两）。木香（一两）。桂花（二两）。玫瑰（一两）。甘松（二两）。茴香（五分，炒黄）。乳香（二两）。广蜜（六两）。片、麝（各二钱）。银朱（五分）。官粉（四两）。

右共为极细末。香皂如合香料，止去朱一种，加石膏灰六两，炼蜜和匀为度。

卷灰寿带香

檀香（六两）。速香（四两）。片脑（三分）。茅香（一两）。降香（一钱）。丁香（二钱）。木香（一两）。大黄（五钱）。桂枝（三钱）。硝（二钱）。连翘（五钱）。柏铃（三钱）。荔枝核（五钱）。蚯蚓粪（八钱）。榆面（六钱）。

右共为极细末，滚水和作绝细线香。

窗前省读香

菖蒲根、当归、樟脑、杏仁、桃仁（各五钱）。芸香（二钱）。

右研末，用酒为丸，或捻成条阴干。读书有倦意焚之，爽神不思睡。

刘真人幻烟瑞球香

白檀香、降香、马牙香、芦香、甘松、三奈、辽细辛、香白芷、金毛狗脊、茅香、广零陵、沉香（已上各一钱）。黄卢干、官粉、铁皮、云母石、磁石（已上各五分）。水秀才（一个，即水面写字虫）。小儿胎毛（一具，烧灰存性）。

共为细末，白芨水调作块，房内炉焚，烟俨垂云。如将萌花根下津，用瓶接津调香内，烟如云垂天花也。若用猿毛灰、桃毛和香，其烟即献猿桃象。若用葡萄根下津和香，其烟即献葡萄象。若出帘外焚之，其烟高丈余不散。如喷水烟上，即结蜃楼人马象，大有奇异，妙不可言。

香烟奇妙

沉香。藿香。乳香。檀香。锡灰。金晶石。

右等分为末成丸，焚之则满室生云。

附实用二方：

李王花浸沉香：

沉香不拘多少，剉碎，取有香花若酴醿、木犀、橘花或橘叶亦可、福建茉莉花之类，带露水摘花1碗，以瓷盒盛之，纸盖入甑蒸。食顷取出，去花留汁浸沉香，日中曝干，如是者数次，以沉香透烂为度。或云皆不若蔷薇水，浸之最妙。

注解组方：此方只用沉香1味，是其独特之处。沉香辛散芳香，温通祛寒，质重沉降，能行气止痛，降逆调中，温肾纳气。并温而不燥、行而不泄，无破气之害，故为理气之良药。再用众花浸泡，香气浓郁芬芳。

远湿香：

苍术（十两，茅山出者佳）。龙鳞香（四两）。芸香（一两，白净者佳）。藿香（净末四两）。金颜香（四两）。柏子（净末八两）。各为末，酒调白芨末为糊，或脱饼，或作长条。此香燥烈，宜霉雨溽湿时焚之妙。

　　注解组方：此方重用苍术是因为它芳香燥烈，内可化湿浊之郁，外能散风湿之邪，故能燥湿健脾，祛风除湿。还可明目。龙鳞香又叫叶子香，是栈香中最薄的，其香气比栈香更好，其功效：温通祛寒、降逆调中。芸香散风化湿、平喘止咳。藿香芳香化湿、理气和中、散邪解暑。金颜香（与沉香、檀香调和在一起焚烧时，香气极其清婉）。柏子养心安神、止阴虚盗汗、润肠通便。建议：为了增加香气，可以少许加些檀香。

参考书目

一、古籍

香谱	洪刍著，文渊阁四库全书本。
陈氏香谱	陈敬著，文渊阁四库全书本。
香乘	周嘉胄著，文渊阁四库全书本。
太平御览	李昉主编，四部丛刊影印宋刊本。

二、专著

香学会典	刘良佑著，东方香学研究会，2003年版。
中国香文化	傅京亮著，齐鲁书社，2008年版。
细说中国香文化	周文志、连汝安著，九州出版社，2009年版。
燕居香语	陈云君著，百花文艺出版社，2010年版。
宋代香药贸易史稿	林天蔚著，中国学社，1960年版。
本草纲目	李时珍著、刘衡如校点，人民卫生出版社，1981年版。
日本史概说	坂本太郎著，商务印书馆，1992年版。

三、日文书

日本の香り	コロナ・ブックス編輯部，平凡社，2005年版。
香道の歴史事典	神保博行著，柏書房，2003年版。
香三才	畑正高著，東京書籍，2004年版。
香と仏教	有賀要延著，国書刊行会，1990年版。
源氏の薫り	尾崎左永子著，朝日新聞社，1992年版。
文学と香道	早川甚三著，あるむ，2007年版。